U0384512

排污单位自行监测技术指南教程
——砖瓦工业

中国环境监测总站
河北省生态环境监测中心　编著

中国环境出版集团·北京

图书在版编目（ＣＩＰ）数据

排污单位自行监测技术指南教程. 砖瓦工业 ／ 中国
环境监测总站，河北省生态环境监测中心编著. -- 北京 ：
中国环境出版集团，2024.2
ISBN 978-7-5111-5822-2

Ⅰ. ①排… Ⅱ. ①中… ②河… Ⅲ. ①砖瓦工业－排
污－环境监测－教材 Ⅳ. ①X506②X799.1

中国国家版本馆CIP数据核字(2024)第048350号

出 版 人　武德凯
责任编辑　孙　莉
封面设计　宋　瑞

出版发行　**中国环境出版集团**
　　　　　（100062　北京市东城区广渠门内大街 16 号）
　　　　　网　　　址：http://www.cesp.com.cn
　　　　　电子邮箱：bjgl@cesp.com.cn
　　　　　联系电话：010-67112765（编辑管理部）
　　　　　发行热线：010-67125803，010-67113405（传真）
印　　刷　北京中科印刷有限公司
经　　销　各地新华书店
版　　次　2024 年 2 月第 1 版
印　　次　2024 年 2 月第 1 次印刷
开　　本　787×960　1/16
印　　张　16
字　　数　242 千字
定　　价　70.00 元

中国环境出版集团郑重承诺：
中国环境出版集团合作的印刷单位、材料单位均具有中国环境标志产品认证。

《排污单位自行监测技术指南教程》
编审委员会

主　任　蒋火华　张大伟

副主任　刘舒生　毛玉如

委　员　董明丽　敬　红　王军霞　何　劲

《排污单位自行监测技术指南教程——砖瓦工业》
编写委员会

主　　编　邱立莉　李根利　夏　青　赵成根　曹艳梅

　　　　　王军霞　敬　红

编写人员（以姓氏笔画排序）

王　成	王　勇	王伟民	韦　超	孔　川
冯　威	冯亚玲	刘茂辉	刘通浩	刘常永
齐　堃	孙国翠	杨　勤	杨伟伟	杨依然
李　曼	李文君	李宗超	李莉娜	何　劲
邹佳君	张子建	陈乾坤	陈敏敏	陈雅斐
赵　畅	赵　峥	秦承华	贾建华	倪辰辰
倪鹏程	董明丽			

序

　　生态环境是关系党的使命宗旨的重大政治问题,也是关系民生的重大社会问题。党中央、国务院高度重视生态环境保护工作,党的十八大将生态文明建设纳入中国特色社会主义事业"五位一体"总体布局。党的十九大报告全面阐述了加快生态文明体制改革、推进绿色发展、建设美丽中国的战略部署。党的二十大报告明确指出全面实行排污许可制,健全现代环境治理体系。习近平生态文明思想开启了新时代生态环境保护工作的新阶段。习近平总书记在全国生态环境保护大会上指出生态文明建设是关系中华民族永续发展的根本大计。党的十八大以来,党中央以前所未有的力度抓生态文明建设,全党全国推动绿色发展的自觉性和主动性显著增强,美丽中国建设迈出重大步伐,我国生态环境保护发生历史性、转折性、全局性变化。

　　生态环境部组建以来,统一行使生态和城乡各类污染排放监管与行政执法职责,提高污染排放标准,强化排污者责任,健全环保信用评价、信息强制性披露、严惩重罚等制度,形成了以政府为主导、企业为主体、社会组织和公众共同参与的环境治理体系。生态环境监测是生态环境保护的基础,是生态文明建设的重要支撑。我国相关法律法规中明确要求排污单位对自身排污状况开展监测,排污单位开展自行监测是法定的责任和义务。

　　为规范和指导排污单位开展自行监测工作，生态环境部发布了一系列排污单位自行监测技术指南。同时，为让各级生态环境主管部门和排污单位更好地应用技术指南，生态环境部生态环境监测司组织中国环境监测总站等单位编写了排污单位自行监测技术指南教程系列图书，将排污单位自行监测技术指南分类解析，既突出对理论的解读，又兼顾实践的应用，具有很强的指导意义。本系列图书既可以作为各级生态环境主管部门、研究机构、企事业单位环境监测人员的工作用书和培训教材，也可以作为大众学习的科普图书。

　　自行监测数据承载了大量污染排放和治理信息，是生态环保大数据重要的信息源，是排污许可证申请与核发等新时期环境管理的有力支撑。随着生态环境质量的不断改善，环境管理的不断深化，排污单位自行监测制度也将不断完善和改进。希望本系列图书的出版能为提高排污单位自行监测管理水平、落实企业自行监测主体责任发挥重要作用，为深入打好污染防治攻坚战做出应有的贡献。

编　者

2023 年 4 月

前　言

自 1972 年以来，我国生态环境保护工作从最初的意识启蒙阶段，经历了环境污染蔓延和加剧期的规模化、综合化治理，主要污染物总量控制等阶段，逐渐发展到以环境质量改善为核心的环境保护思路上来。为顺应生态环境保护工作的发展趋势，进一步规范企事业单位和其他生产经营者的排污行为，控制污染物排放，自 2016 年以来，我国实施以排污许可制度为核心的固定污染源管理制度，在政府部门监督/执法监测基础上，强化了排污单位自行监测要求，排污单位自行监测是污染源监测的重要组成部分。

排污单位自行监测是排污单位依据相关法律、法规和技术规范对自身的排污状况开展监测的一系列活动。《中华人民共和国环境保护法》《中华人民共和国大气污染防治法》《中华人民共和国水污染防治法》《中华人民共和国土壤污染防治法》《中华人民共和国固体废物污染环境防治法》《中华人民共和国噪声污染防治法》《中华人民共和国环境保护税法》《排污许可管理条例》都对排污单位的自行监测提出了明确要求。排污单位开展自行监测是法律赋予的责任和义务，也是排污单位自证守法、自我保护的重要手段和途径。

为规范和指导砖瓦工业排污单位开展自行监测，2022 年 4 月，生态环境部颁布了《排污单位自行监测技术指南 砖瓦工业》（HJ 1254—2022）。为进一步规范排污单位的自行监测行为，提高自行监测质量，在生态环境部生态环境监测司的指导下，中国环境监测总站和河北省生态环境监测中心站共同编写了《排污单位自行监测技术指南教程——砖瓦工业》。本书共分为 12 章。第 1 章从我国污染源监测的发展历程及管理的框架出发，引出了排污单位自行监测在当前污染源监测管理中的定位及一些管理规定，并理顺了《排污单位自行监测技术指南 总则》（HJ 819—2017）与行业自行监测技术指南的关系。第 2 章主要介绍了排污单位开展自行监测的一般要求，从监测方案、监测设施、开展自行监测的要求、质量保证和质量控制、记录和保存 5 个方面进行了概述。第 3 章在分析目前砖瓦工业行业概况及政策要求的基础上对砖瓦工业的生产工艺及产排污节点进行分析，并简要介绍了砖瓦工业行业采用的一些常用污染治理技术。第 4 章对砖瓦工业自行监测技术指南自行监测方案中监测点位、监测指标、监测频次、监测要求等如何设定进行了解释说明，并选取了 3 个典型案例进行分析，为排污单位制定规范的自行监测方案提供了指导，在附录中给出了参考模板。第 5 章简要介绍了开展监测时，排污口、监测平台、自动监测设施等的设置和维护要求。第 6 章和第 7 章针对砖瓦工业自行监测技术指南中废水、废气所涉及的监测指标如何采样、监测分析及注意事项进行了一一介绍。第 8 章对废气自动监测系统从设备安装、调试、验收、运行管理及质量保证 5 个方面进行了介绍。第 9 章简要介绍了根据砖瓦工业自行监测技术指南开展厂界环境噪声、地表水、地下水和土壤等周边环境质量监测时的基本要求和注意事项。第 10 章从实验室体系管理角度出发,从人—机—料—法—环等环节对监测的质量保证和质量控制进行了简要概述,为提高自行监测数据质量奠定了基础。第 11 章介绍了自行监测信息记录、报告和信息公开方面的相关要求,并就砖瓦工业企业生产和污染治理设施运行等过程中的记录信息进行了梳理。第 12 章简要介绍了全国重点污染源监测数据管理与共享系统的总体架构和主要功能,为排污单位自行监测数据报送提供了方便。

本书在附录中列出了与自行监测相关的标准规范,以方便排污单位在使用时查询和检索。另外,书中还给出了一些记录样表和自行监测方案模板,为排污单位提供参考。

编 者

2023 年 4 月

目　录

第 1 章　排污单位自行监测定位与管理要求

污染源监测作为环境监测的重要组成部分，与我国环境保护工作同步发展，40 多年来不断发展壮大，现已基本形成了排污单位自行监测、管理部门监督/执法监测、社会公众监督的基本框架。排污单位自行监测是国家治理体系和治理能力现代化发展的需要，是排污单位应尽的社会责任，是法律明确要求的义务，也是排污许可制度的重要组成部分。我国关于排污单位自行监测的管理规定有很多，从不同层级和角度对排污单位进行了详细规定。为了保证排污单位自行监测制度的实施，指导和规范排污单位自行监测行为，我国制定了排污单位自行监测技术指南体系。《排污单位自行监测技术指南　砖瓦工业》（HJ 1254—2022）是其中的一个行业指南，是按照《排污单位自行监测技术指南　总则》（HJ 819—2017）（以下简称《总则》）的要求和管理规定制定的，用于指导砖瓦工业排污单位开展自行监测活动。

本章围绕排污单位自行监测定位和管理要求，对排污单位自行监测在我国污染源监测管理制度中的定位、排污单位自行监测管理要求、排污单位自行监测技术指南定位和应用进行介绍。

1.1　我国污染源监测管理框架

自 1972 年以来，我国环境保护工作经历了环境保护意识启蒙阶段（1972—1978

年）、环境污染蔓延和环境保护制度建设阶段（1979—1992年）、环境污染加剧和规模化治理阶段（1993—2001年）、环保综合治理阶段（2002—2012年）。[①]集中的污染治理，尤其是主要污染物严格的总量控制，有效遏制了环境质量恶化的趋势，但仍未实现环境质量的全面改善。"十三五"时期以来，我国环境保护的思路转向以环境质量改善为核心。

与环境保护工作相适应，我国环境监测大致经历了3个阶段：第一阶段是污染调查监测与研究性监测阶段，第二阶段是污染源监测与环境质量监测并重阶段，第三阶段是环境质量监测与污染源监督监测阶段。[②]

根据污染源监测在环境管理中的地位和实施情况，将污染源监测划分为3个时期：严格的总量控制制度之前（"十一五"之前），污染源监测主要服务于工业污染源调查和环境管理"八项制度"；严格的总量控制制度时期（"十一五"和"十二五"），污染源监测围绕总量控制制度开展总量减排监测；以环境质量改善为核心的阶段（"十三五"以来），污染源监测主要服务于环境保护执法和排污许可制实施。

目前，我国基本形成了排污单位自行监测、生态环境主管部门依法监管、社会公众监督的污染源监测管理框架（图1-1），2021年3月1日正式实施的《排污许可管理条例》，从法律层面确立了以排污许可制为核心的固定污染源监管制度体系，进一步完善了排污单位以自行监测为主线、政府监督监测为抓手，鼓励社会公众广泛参与的污染源监测管理模式。排污单位开展自行监测，按要求向生态环境主管部门报告，向社会公众进行公开，同时接受生态环境主管部门的监管和社会公众的监督。生态环境主管部门向社会公众公布相关信息的同时，受理社会公众针对有关情况的举报。

[①] 《中国环境保护四十年回顾及思考（回顾篇）》，曲格平在香港中文大学"中国环境保护四十年"学术论坛上的演讲。

[②] 中国环境监测总站原副总工程师张建辉接受网易北京频道与《环境与生活》杂志采访时的讲话。

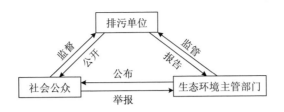

图 1-1　污染源监测管理框架

1.1.1　排污单位开展自行监测，并按照要求进行信息公开

近年来，我国大力推进排污单位自行监测和信息公开，《中华人民共和国环境保护法》《中华人民共和国大气污染防治法》《中华人民共和国水污染防治法》《中华人民共和国环境保护税法》《中华人民共和国土壤污染防治法》《中华人民共和国固体废物污染环境防治法》《中华人民共和国噪声污染防治法》等相关法律中均明确了排污单位自行监测和信息公开的责任。

在具体的生态环境管理制度上，多项制度将排污单位自行监测和信息公开的责任进行落实和明确。2013 年，环境保护部发布了《国家重点监控企业自行监测及信息公开办法（试行）》，将国家重点监控企业自行监测和信息公开率先作为主要污染物总量减排考核的一项指标。2016 年 11 月，国务院办公厅印发了《控制污染物排放许可制实施方案》（国办发〔2016〕81 号），提出控制污染物排放许可制的一项基本原则："权责清晰，强化监管。排污许可证是企事业单位在生产运营期接受环境监管和环境保护部门实施监管的主要法律文书。企事业单位依法申领排污许可证，按证排污，自证守法。环境保护部门基于企事业单位守法承诺，依法发放排污许可证，依证强化事中事后监管，对违法排污行为实施严厉打击。"

1.1.2　生态环境主管部门组织开展监督/执法监测，实现测管协同

随着各项法律明确了排污单位自行监测的主体地位，管理部门的监测活动更

加聚焦于执法和监督。《生态环境监测网络建设方案》（国办发〔2015〕56号）要求："实现生态环境监测与执法同步。各级环境保护部门依法履行对排污单位的环境监管职责，依托污染源监测开展监管执法，建立监测与监管执法联动快速响应机制，根据污染物排放和自动报警信息，实施现场同步监测与执法。"

《生态环境监测规划纲要（2020—2035年）》（环监测〔2019〕86号）提出：构建"国家监督、省级统筹、市县承担、分级管理"格局。落实自行监测制度，强化自行监测数据质量监督检查，督促排污单位规范监测、依证排放，实现自行监测数据真实可靠。建立完善监督制约机制，各级生态环境主管部门依法开展监督检测和抽查抽测。为深入落实《生态环境监测规划纲要（2020—2035年）》，各级生态环境主管部门按照"双随机、一公开"的原则，组织开展执法监测。通过排污单位证后监测监管，加强对排污单位自行监测数据质量和排放状况的监督，指导排污单位自行监测工作的改进，从而更好地提升排污单位自行监测水平。

《关于进一步加强固定污染源监测监督管理的通知》（环办监测〔2023〕5号）进一步提出，坚持精准治污、科学治污、依法治污，以固定污染源排污许可制为核心，构建排污单位依证监测、政府依法监管、社会共同监督的固定污染源监测监督管理的新格局，为深入打好污染防治攻坚战提供有力支撑。

1.1.3 社会公众参与监督，合力提升污染源监测质量

我国污染源量大面广，仅靠生态环境主管部门的监督远远不够，因此只有发动群众、实现全民监督，才能使违法排污行为无处遁形。2014年修订的《中华人民共和国环境保护法》更加明确地赋予了公众环保知情权和监督权："公民、法人和其他组织依法享有获取环境信息、参与和监督环境保护的权利。各级人民政府环境保护主管部门和其他负有环境保护监督管理职责的部门，应当依法公开环境信息、完善公众参与程序，为公民、法人和其他组织参与和监督环境保护提供便利。"

排污单位通过各种方式公开自行监测结果，包括依托排污许可制度及平台、依托地方污染源监测信息公开渠道、通过本单位官方网站等。生态环境主管部门

执法/监督监测结果也依托排污许可制度及平台、依托地方污染源监测信息公开渠道等方式进行公开。社会公众可通过关注各类监测数据对排污单位及管理部门进行监督，督促排污单位和管理部门提高数据质量。

1.2　排污单位自行监测的定位

1.2.1　开展自行监测是构建政府、企业、社会共治的环境治理体系的需要

（1）构建现代环境治理体系的重大意义和总体要求

生态环境治理体系和治理能力是生态环境保护工作推进的基础支撑。2018 年 5 月，习近平总书记在全国生态环境保护大会上强调，要加快建立健全以治理体系和治理能力现代化为保障的生态文明制度体系，确保到 2035 年，生态环境质量实现根本好转，美丽中国目标基本实现；到 21 世纪中叶，生态环境领域国家治理体系和治理能力现代化全面实现，建成美丽中国。

党的十九大报告中提出构建以政府为主导、企业为主体、社会组织和公众共同参与的环境治理体系。党的十九届四中全会将生态文明制度体系建设作为坚持和完善中国特色社会主义制度、推进国家治理体系和治理能力现代化的重要组成部分做出安排部署，强调实行最严格的生态环境保护制度，严明生态环境保护责任制度，要求健全源头预防、过程控制、损害赔偿、责任追究的生态环境保护体系，构建以排污许可制为核心的固定污染源监管制度体系，完善污染防治区域联动机制和陆海统筹的生态环境治理体系。2020 年 3 月，中共中央办公厅、国务院办公厅印发了《关于构建现代环境治理体系的指导意见》，提出了建立健全环境治理领导责任体系、企业责任体系、全民行动体系、监管体系、市场体系、信用体系和法律法规政策体系的具体要求。党的二十大报告提出深入推进环境污染防治，坚持精准治污、科学治污、依法治污，全面实行排污许可制，健全现代环境治理体系。

构建现代环境治理体系，是深入贯彻习近平生态文明思想和全国生态环境保护大会精神的重要举措，是持续加强生态环境保护、满足人民日益增长的优美生态环境需要、建设美丽中国的内在要求，是完善生态文明制度体系、推动国家治理体系和治理能力现代化的重要内容，还将充分展现生态环境治理的中国智慧、中国方案和中国贡献，对全球生态环境治理进程产生重要影响。

坚决落实构建现代环境治理体系，要把握构建现代环境治理体系的总体要求。以习近平新时代中国特色社会主义思想为指导，深入贯彻习近平生态文明思想，坚定不移地贯彻新发展理念，以坚持党的集中统一领导为统领，以强化政府主导作用为关键，以深化企业主体作用为根本，以更好动员社会组织和公众共同参与为支撑，实现政府治理和社会调节、企业自治良性互动，完善体制机制，强化源头治理，形成工作合力。

（2）对排污单位自行监测的要求

污染源监测是污染防治的重要支撑，需要各方共同参与。为适应环境治理体系变革的需要，自行监测应发挥相应的作用，补齐短板，提供便利，为社会共治提供条件。

应改变传统生态环境治理模式中污染治理主体监测缺位现象。长期以来，污染源监测以政府部门监督性监测为主，尤其在"十一五""十二五"总量减排时期，监督性监测得到快速发展，每年对国家重点监控企业按季度开展主要污染物监测，但排污单位在污染源监测中严重缺位。2013 年，为了解决单纯依靠环保部门有限的人力和资源难以全面掌握企业污染源状况的问题，环境保护部组织编制了《国家重点监控企业自行监测及信息公开办法（试行）》，大力推进企业开展自行监测。自 2014 年以来，多部生态环境保护相关法律均明确了排污单位自行监测的责任和要求。但是，自行监测数据的法定地位以及如何在环境管理中应用并没有明确，自行监测数据在环境管理中的应用更是不足，并没有从根本上解决排污单位在环境治理体系中监测缺位的现象。新的环境治理体系，应改变这一现状，使自行监测数据得到充分应用，才能保持多方参与的生命力和活力。

为公众提供便于获取、易于理解的自行监测信息。公众是社会共治环境治理体系的重要主体，公众参与的基础是及时获取信息，自行监测数据是反映排放状况的重要信息。社会的变革为公众参与提供了外在便利条件，为了提高自行监测在环境治理体系中的作用，就要充分利用自媒体、社交媒体等各种先进、便利的条件，为公众提供便于获取、易于理解的自行监测数据和基于数据加工而成的相关信息，为公众高效参与提供重要依据。2022 年 3 月 5 日，生态环境部办公厅发布了《关于环保设施向公众开放小程序正式上线的通知》（环办便函〔2022〕82 号），向公众公开了"环保设施向公众开放"小程序，提高设施开放单位和公众参与积极性，指导督促设施开放单位及时更新信息，为公众了解企业环保设施情况提供了新途径。

1.2.2　开展自行监测是社会责任和法定义务

企业是最主要的生产者，是社会财富的创造者，企业在追求自身利润的同时，向社会提供了产品，满足了人民的日常所需，推进了社会的进步。当然，在当代社会，由于企业是社会中普遍存在的社会组织，其数量众多、类型各异、存在范围广、对社会影响大。在这种情况下，社会的发展不仅要求企业承担生产经营和创造财富的义务，还要求其承担环境保护、社区建设和消费者权益维护等多方面的责任，这也是企业的社会责任。企业社会责任具有道义责任的属性和法律义务的属性。法律作为一种调整人们行为的规则，其调整作用是通过设置权利义务而实现的。因而，法律义务并非一种道义上的宣示，其有具体的、明确的规则指引人的行为。基于此，企业社会责任一旦进入环境法视域，即被分解为具体的法律义务。

企业开展排污状况自行监测是法定的责任和义务。《中华人民共和国环境保护法》第四十二条明确提出，"重点排污单位应当按照国家有关规定和监测规范安装使用监测设备，保证监测设备正常运行，保存原始监测记录"；第五十五条要求，"重点排污单位应当如实向社会公开其主要污染物的名称、排放方式、排放浓度和总量、超标排放情况,以及防治污染设施的建设和运行情况,接受社会监督"。《中华人民共和国大气污染防治法》《中华人民共和国水污染防治法》《中华人民共和国环境保护税法》《中华人民共和国土壤污染防治法》《中华人民共和国固体废物污染环境防治法》等相关法律中也均有排污单位自行监测的相关要求。

1.2.3　开展自行监测是自证守法和自我保护的重要手段和途径

排污许可制度作为固定污染源核心管理制度,其明确了排污单位自证守法的权利和责任,排污单位可以通过以下途径进行"自证":一是依法开展自行监测,保证数据合法有效,妥善保存原始记录;二是建立准确完整的环境管理台账,记录能够证明其排污状况的相关信息,形成一套完整的证据链;三是定期、如实向生态环境主管部门报告排污许可证执行情况。可以看出,自行监测贯穿自证守法的全过程,是自证守法的重要手段和途径。

首先,排污单位被允许在标准限值下排放污染物,排放状况应该透明公开且合规。随着管理模式的改变,管理部门不对企业全面开展监测,仅对企业进行抽查抽测。排污单位对排放状况进行说明时,就需要开展自行监测。

其次,一旦出现排污单位对管理部门出具的监测数据或其他证明材料被质疑的情况,或者排污单位对公众举报等相关信息提出异议时,就需要出具自身排污状况的相关材料进行证明,而自行监测数据是非常重要的证明材料。

最后,自行监测可以对自身排污状况定期监控,也可对周边环境质量影响进行监测,及时掌握实际排污状况和对周边环境质量的影响,了解周边环境质量的变化趋势和承受能力,可以及时识别潜在环境风险,以便提前应对,避免引起更大的、无法挽救的环境事故,或对人民群众、生态环境和排污单位自身造成的巨大损害和损失。

1.2.4　开展自行监测是排污许可制度的重要组成部分

《控制污染物排放许可制实施方案》(国办发〔2016〕81号)明确了排污单位

应实行自行监测和定期发布报告。《排污许可管理条例》第十九条规定："排污单位应当按照排污许可证规定和有关标准规范，依法开展自行监测，并保存原始监测记录。原始监测记录保存期限不得少于 5 年。排污单位应当对自行监测数据的真实性、准确性负责，不得篡改、伪造。"

因此，自行监测既是有明确法律法规要求的一项管理制度，也是固定污染源基础与核心管理制度——排污许可制度的重要组成部分。

1.2.5　开展自行监测是精细化管理与大数据时代信息输入及信息产品输出的需要

随着环境管理向精细化发展，强化数据应用、根据数据分析识别潜在的环境问题，做出更加科学精准的环境管理决策是环境管理面临的重大命题。大数据时代信息化水平的提升，为监测数据的加工分析提供了条件，也对数据输入提出了更高的需求。

自行监测数据承载了大量污染排放和治理信息，然而这些信息长期以来并没有得到充分的收集和利用，这是生态环境大数据中缺失的一项重要信息源。通过收集各类污染源长时间的监测数据，对同类污染源监测数据进行统计分析，可以更全面地判定污染源的实际排放水平，从而为制定排放标准、产排污系数提供科学依据。另外，通过监测数据与其他数据的关联分析，还能获得更多、更有价值的信息，为环境管理提供更有力的支撑。

1.3　排污单位自行监测的管理规定

我国现行法律法规、管理办法中有很多涉及排污单位自行监测的管理规定，具体见表 1-1。

表 1-1　我国现行与排污单位自行监测相关的法律法规和管理规定

名称	颁布机关	实施时间	主要相关内容
《中华人民共和国海洋环境保护法》	全国人民代表大会常务委员会	2000 年 4 月 1 日（2017 年 11 月 4 日修正）	规定了排污单位应当依法公开排污信息
《中华人民共和国水污染防治法》	全国人民代表大会常务委员会	2008 年 6 月 1 日（2017 年 6 月 27 日修正）	规定了实行排污许可管理的企业事业单位和其他生产经营者应当对所排放的水污染物自行监测，并保存原始监测记录，排放有毒有害水污染物的还应开展周边环境监测，上述条款均设有对应罚则
《中华人民共和国环境保护法》	全国人民代表大会常务委员会	2015 年 1 月 1 日（2014 年 4 月 24 日修订）	规定了重点排污单位应当安装使用监测设备，保证监测设备正常运行，保存原始监测记录，并进行信息公开
《中华人民共和国大气污染防治法》	全国人民代表大会常务委员会	2016 年 1 月 1 日（2018 年 10 月 26 日修正）	规定了企业事业单位和其他生产经营者应当对大气污染物进行监测，并保存原始监测记录
《中华人民共和国环境保护税法》	全国人民代表大会常务委员会	2018 年 1 月 1 日（2018 年 10 月 26 日修正）	规定了纳税人按季申报缴纳时，向税务机关报送所排放应税污染物浓度值
《中华人民共和国土壤污染防治法》	全国人民代表大会常务委员会	2019 年 1 月 1 日	规定了土壤污染重点监管单位应制定、实施自行监测方案，并将监测数据报生态环境主管部门
《中华人民共和国固体废物污染环境防治法》	全国人民代表大会常务委员会	2020 年 9 月 1 日（2020 年 4 月 29 日修订）	规定了产生、收集、贮存、运输、利用、处置固体废物的单位，应当依法及时公开固体废物污染环境防治信息，主动接受社会监督。生活垃圾处理单位应当按照国家有关规定，安装使用监测设备，实时监测污染物的排放情况，将污染排放数据实时公开。监测设备应当与所在地生态环境主管部门的监控设备联网
《中华人民共和国刑法修正案（十一）》	全国人民代表大会常务委员会	2021 年 3 月 1 日	规定了环境监测造假的法律责任
《中华人民共和国噪声污染防治法》	全国人民代表大会常务委员会	2022 年 6 月 5 日	规定了实行排污许可管理的单位应当按照规定，对工业噪声开展自行监测，保存原始监测记录，向社会公开监测结果，对监测数据的真实性和准确性负责。噪声重点排污单位应当按照国家规定，安装、使用、维护噪声自动监测设备，与生态环境主管部门的监控设备联网

名称	颁布机关	实施时间	主要相关内容
《城镇排水与污水处理条例》	国务院	2014年1月1日	规定了排水户应按照国家有关规定建设水质、水量检测设施
《畜禽规模养殖污染防治条例》	国务院	2014年1月1日	规定了畜禽养殖场、养殖小区应当定期将畜禽养殖废弃物排放情况报县级人民政府环境保护主管部门备案
《中华人民共和国环境保护税法实施条例》	国务院	2018年1月1日	规定了未安装自动监测设备的纳税人，自行对污染物进行监测，所获取的监测数据符合国家有关规定和监测规范的，视同监测机构出具的监测数据，可作为计税依据
《排污许可管理条例》	国务院	2021年3月1日	规定了持证单位自行监测责任，管理部门依证监管责任
《最高人民法院、最高人民检察院关于办理环境污染刑事案件适用法律若干问题的解释》	最高人民法院、最高人民检察院	2017年1月1日	规定了重点排污单位篡改、伪造自动监测数据或者干扰自动监测设施的视为严重污染环境，并依据《刑法》有关规定予以处罚
《环境监测管理办法》	环境保护总局	2007年9月1日	规定了排污者必须按照国家及技术规范的要求，开展排污状况自我监测；不具备环境监测能力的排污者，应当委托环境保护部门所属环境监测机构或者经省级环境保护部门认定的环境监测机构进行监测
《污染源自动监控设施现场监督检查办法》	环境保护部	2012年4月1日	规定了：①排污单位或运营单位应当保证自动监测设备正常运行；②污染源自动监控设施发生故障停运期间，排污单位或者运营单位应当采用手工监测等方式，对污染物排放状况进行监测，并报送监测数据
《关于加强污染源环境监管信息公开工作的通知》	环境保护部	2013年7月12日	规定了各级环保部门应积极鼓励引导企业进一步增强社会责任感，主动自愿公开环境信息。同时严格督促超标或者超总量的污染严重企业，以及排放有毒有害物质的企业主动公开相关信息，对不依法主动公布或不按规定公布的要依法严肃查处

名称	颁布机关	实施时间	主要相关内容
《关于印发〈国家重点监控企业自行监测及信息公开办法（试行）〉和〈国家重点监控企业污染源监督性监测及信息公开办法（试行）〉的通知》	环境保护部	2014 年 1 月 1 日	规定了企业开展自行监测及信息公开的各项要求，包括自行监测内容、自行监测方案，对通过手工监测和自动监测两种方式开展的自行监测分别提出了监测频次要求，自行监测记录内容，自行监测年度报告内容，自行监测信息公开的途径、内容及时间要求等
《环境保护主管部门实施限制生产、停产整治办法》	环境保护部	2015 年 1 月 1 日	规定了被限制生产的排污者在整改期间按照环境监测技术规范进行监测或者委托有条件的环境监测机构开展监测，保存监测记录，并上报监测报告
《生态环境监测网络建设方案》	国务院办公厅	2015 年 7 月 26 日	规定了重点排污单位必须落实污染物排放自行监测及信息公开的法定责任，严格执行排放标准和相关法律法规的监测要求
《关于支持环境监测体制改革的实施意见》	财政部、环境保护部	2015 年 11 月 2 日	规定了落实企业主体责任，企业应依法自行监测或委托社会化检测机构开展监测，及时向环保部门报告排污数据，重点企业还应定期向社会公开监测信息
《关于加强化工企业等重点排污单位特征污染物监测工作的通知》	环境保护部	2016 年 9 月 20 日	规定了：①化工企业等排污单位应制定自行监测方案，对污染物排放及周边环境开展自行监测，并公开监测信息；②监测内容应包含排放标准的规定项目和涉及的列入污染物名录库的全部项目；③监测频次，自动监测的应全天连续监测，手工监测的，废水特征污染物监测每月开展一次，废气特征污染物监测每季度开展一次，周边环境监测按照环评及其批复执行，可根据实际情况适当增加监测频次
《控制污染物排放许可制实施方案》	国务院办公厅	2016 年 11 月 10 日	规定了企事业单位应依法开展自行监测，安装或使用的监测设备应符合国家有关环境监测、计量认证规定和技术规范，建立准确完整的环境管理台账，安装在线监测设备的应与环境保护部门联网

名称	颁布机关	实施时间	主要相关内容
《关于实施工业污染源全面达标排放计划的通知》	环境保护部	2016 年 11 月 29 日	规定了：①各级环保部门应督促、指导企业开展自行监测，并向社会公开排放信息；②对超标排放的企业要督促其开展自行监测，加大对超标因子的监测频次，并及时向环保部门报告；③企业应安装和运行污染源在线监控设备，并与环保部门联网
《关于深化环境监测改革　提高环境监测数据质量的意见》	中共中央办公厅、国务院办公厅	2017 年 9 月 21 日	规定了环境保护部要加快完善排污单位自行监测标准规范；排污单位要开展自行监测，并按规定公开相关监测信息，对弄虚作假行为要依法处罚；重点排污单位应当建设污染源自动监测设备，并公开自动监测结果
《企业环境信息依法披露管理办法》	生态环境部	2022 年 2 月 8 日	规定了企业（包括重点排污单位）应当依法披露环境信息，包括企业自行监测信息等
《环境监管重点单位名录管理办法》	生态环境部	2023 年 1 月 1 日	环境监管重点单位应当依法履行自行监测、信息公开等生态环境法律义务，采取措施防治环境污染，防范环境风险
《关于进一步加强固定污染源监测监督管理的通知》	生态环境部	2022 年 3 月 8 日	规定了生态环境部门要加强排污单位自行监测监管，督促持证排污单位按照排污许可证要求，规范开展自行监测，并公开监测结果；督促重点排污单位、实行排污许可重点管理的排污单位，依法依规安装运维自动监测设备，并与生态环境部门联网；强化排污许可管理、环境监测、环境执法联动，形成管理闭环
《关于加强排污许可执法监管的指导意见》	生态环境部	2022 年 3 月 28 日	规定了排污单位应当提高自行监测质量。确保申报材料、环境管理台账记录、排污许可证执行报告、自行监测数据的真实、准确和完整，依法如实在全国排污许可证管理信息平台上公开信息，不得弄虚作假，自觉接受监督

注：截至 2023 年 3 月 8 日。

1.4　《排污单位自行监测技术指南》定位

1.4.1　排污许可制度配套的技术支撑文件

排污许可制度是国外普遍采用的控制污染的法律制度。从美国等发达国家实施排污许可制度的经验来看，监督检查是排污许可制度实施效果的重要保障；污染源监测是监督检查的重要组成部分和基础；自行监测是污染源监测的主体形式，其管理备受重视，并作为重要的内容在排污许可证中载明。

我国当前推行的排污许可制度明确了企业应"自证守法"，其中自行监测是排污单位自证守法的重要手段和方法。只有在特定监测方案和要求下的监测数据才能够支撑排污许可"自证"的要求。因此，在排污许可制度中，自行监测要求是必不可少的一部分。

重点排污单位自行监测法律地位得到明确，自行监测制度初步建立，而自行监测的有效实施还需要有配套的技术文件作为支撑，《排污单位自行监测技术指南》是基础且重要的技术指导性文件。因此，制定《排污单位自行监测技术指南》是落实相关法律法规的需要。

1.4.2　对现有标准和管理文件中关于排污单位自行监测规定的补充

对每个排污单位来说，生产工艺产生的污染物、不同监测点位执行的排放标准和控制指标、环评报告要求的内容都有不同情况及独特内容。虽然各种监测技术标准与规范已从不同角度对排污单位的监测内容做出了规定，但不够全面。

为提高监测效率，应针对不同排放源污染物排放特性确定监测要求。监测是污染排放监管必不可少的技术支撑，具有重要的意义，但是监测是需要成本的，所以应在监测效果和成本间寻找合理的平衡点。"一刀切"的监测要求必然会造成部分排放源监测要求过高，从而造成浪费；或者对部分排放源要求过低，从而达不到监管需求。因此，需要专门的技术文件，从排污单位监测要求进行系统分析和设计，使监测更精细化，从而提高监测效率。

1.4.3　对排污单位自行监测行为指导和规范的技术要求

我国自 2014 年起开始推行《国家重点监控企业自行监测及信息公开办法（试行）》，从实施情况来看存在诸多问题，需要加强对排污单位自行监测行为的指导和规范。

与环境质量监测相比，污染源监测涉及的行业较多，监测内容更复杂。我国目前仅国家污染物排放标准就有近 200 项，且数量还在持续增加；省级人民政府依法制定并报生态环境部备案的地方污染物排放标准也有 100 多项，数量也在不断增加。排放标准中的控制项目种类繁杂，水、气污染物均在 100 项以上。

由于国家发布的有关规定必须有普适性和原则性的特点，因此排污单位在开展自行监测过程中面对如何结合企业具体情况合理确定监测点位、监测项目和监测频次等实际问题时存在诸多疑问。

生态环境部在对全国各地区自行监测及信息公开平台的日常监督检查及现场检查等工作中发现，部分排污单位存在自行监测方案内容不完善、监测活动不规范、监测数据质量不高等问题。为解决排污单位在自行监测过程中遇到的问题，需要进一步加强对排污单位自行监测的工作指导和规范行为，建立和完善排污单位自行监测相关规范内容，因此有必要制定行业自行监测技术指南，将自行监测要求进一步明确和细化。

1.5　行业技术指南在自行监测技术指南体系中的定位和制定思路

1.5.1　自行监测技术指南体系

排污单位自行监测技术指南体系以《总则》为统领，包括一系列重点行业排污单位自行监测技术指南、若干通用工序自行监测技术指南以及 1 个环境要素自行监测技术指南，共同组成排污单位自行监测技术指南体系，见图 1-2。

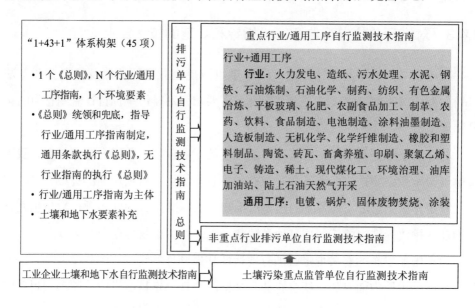

图 1-2 排污单位自行监测技术指南体系

《总则》在排污单位自行监测技术指南体系中属于纲领性文件，起到统一思路和要求的作用。第一，对行业技术指南总体性原则进行规定，是行业技术指南的参考性文件；第二，对于行业技术指南中必不可少，但要求比较一致的内容，可以在《总则》中体现，在行业技术指南中加以引用，既保证一致性，也减少重复；第三，对于部分污染差异大、企业数量少的行业，单独制定行业技术指南意义不大，这类行业排污单位可以参照《总则》开展自行监测。行业技术指南未发布的，也应参照《总则》开展自行监测。

1.5.2 行业排污单位自行监测技术指南是对《总则》的细化

行业技术指南是在《总则》的统一原则要求下，考虑该行业企业所有废水、废气、噪声污染源的监测活动，在指南中进行统一规定。行业排污单位自行监测技术指南的核心内容包括以下两个方面：

（1）明确行业的监测方案。首先明确行业的主要污染源、各污染源的主要污染因子，针对各污染源的污染因子提出监测方案设置的基本要求，包括点位、监测指标、监测频次、监测技术等。

（2）明确数据记录、报告和公开要求。根据行业特点，参照各参数或指标与校核污染物排放的相关性，提出监测相关数据记录要求。

除了行业技术指南中规定的内容，还应执行《总则》的要求。

1.5.3　砖瓦工业自行监测技术指南制定的原则与思路

1.5.3.1　以《总则》为指导，根据行业特点进行细化

砖瓦工业自行监测技术指南中的主体内容是以《总则》为指导，根据《总则》中确定的基本原则和方法，在对砖瓦工业产排污环节进行分析的基础上，结合砖瓦工业企业的实际排污特点，将砖瓦工业监测方案、信息记录的内容具体化和明确化。

1.5.3.2　以污染物排放标准为基础，全指标覆盖

污染物排放标准规定的内容是行业自行监测技术指南制定的重要基础。在污染物指标确定时，行业技术指南主要以当前实施的、适用于砖瓦工业的污染物排放标准为依据。同时，根据实地调研以及相关数据分析结果，对实际排放的或地方实际进行监管的污染物指标进行适当的考虑，在标准中列明，但标明为选测，或由排污单位根据实际监测结果判定是否排放，若实际生产中排放，则应进行监测。

1.5.3.3　以满足排污许可制度实施为主要目标

砖瓦工业自行监测技术指南的制定以能够满足砖瓦工业排污许可制度实施为主要目标。砖瓦工业主要污染因子较为一致，在充分考虑该行业排污许可证申请

与核发技术规范要求的前提下，砖瓦工业自行监测技术指南中对相关监测点位、监测指标、监测频次进行了规定。

　　排污许可制度对主要污染物提出排放量许可限值，其他污染物仅有浓度限值要求。为了支撑排污许可制度实施对排放量核算的需求，有排放量许可限值的污染物，监测频次一般高于其他污染物。

第 2 章　自行监测的一般要求

按照开展自行监测活动的一般流程，排污单位应查清本单位的污染源、污染物指标及潜在的环境影响，制定监测方案，设置和维护监测设施，按照监测方案开展自行监测，做好质量保证和质量控制，记录和保存监测数据，依法向社会公开监测结果。

本章围绕排污单位自行监测流程中的关键节点，对其中的关键问题进行介绍。制定监测方案时，应重点保证监测内容、监测指标、监测频次的全面性、科学性，确保监测数据的代表性，这样才能全面反映排污单位的污染物实际排放状况；设置和维护监测设施时，应能够满足监测要求，同时为监测的开展提供便利条件；自行监测开展过程中，应该根据本单位实际情况自行监测或者委托有资质的单位开展监测，所有监测活动要严格按照监测技术规范执行；开展监测的过程中，应做好质量保证和质量控制，确保监测数据质量；监测信息记录与公开时，应保证监测过程可溯，同时按要求报送和公开监测结果，接受管理部门和公众的监督。

2.1　监测方案制定

2.1.1　自行监测内容

排污单位自行监测不仅限于污染物排放监测，还应该围绕能够说清楚本单位污染物排放状况、污染治理情况、对周边环境质量影响状况来确定监测内容。但考虑到排污单位自行监测的实际情况，排污单位可根据管理要求，逐步开展自行监测。

2.1.1.1 污染物排放监测

污染物排放监测是排污单位自行监测的基本要求，包括废气污染物、废水污染物和噪声污染监测。废气污染物监测，包括对有组织排放废气污染物和无组织排放废气污染物的监测。废水污染物监测可按废水对水环境的影响程度来确定，而废水对水环境的影响程度主要取决于排放去向，即直接排入环境（直接排放）和排入公共污水处理系统（间接排放）两种方式。噪声污染监测一般指厂界环境噪声监测。

2.1.1.2 周边环境质量影响监测

排污单位应根据自身排放对周边环境质量的影响，开展周边环境质量影响状况监测，从而掌握自身排放状况对周边环境质量影响的实际情况和变化趋势。

《中华人民共和国大气污染防治法》第七十八条规定，"排放前款名录中所列有毒有害大气污染物的企业事业单位，应当按照国家有关规定建设环境风险预警体系，对排放口和周边环境进行定期监测，评估环境风险，排查环境安全隐患，并采取有效措施防范环境风险。"《中华人民共和国水污染防治法》第三十二条规定，"排放前款名录中所列有毒有害水污染物的企业事业单位和其他生产经营者，应当对排污口和周边环境进行监测，评估环境风险，排查环境安全隐患，并公开有毒有害水污染物信息，采取有效措施防范环境风险"。《工矿用地土壤环境管理办法（试行）》（生态环境部部令 第3号）第十二条规定，"重点排污单位应当按照相关技术规范要求，自行或者委托第三方定期开展土壤和地下水监测"。

目前，我国已发布第一批有毒有害大气污染物名录和有毒有害水污染物名录。第一批有毒有害大气污染物包括二氯甲烷、甲醛、三氯甲烷、三氯乙烯、四氯乙烯、乙醛、镉及其化合物、铬及其化合物、汞及其化合物、铅及其化合物、砷及其化合物。第一批有毒有害水污染物包括二氯甲烷、三氯甲烷、三氯乙烯、四氯乙烯、甲醛、镉及镉化合物、汞及汞化合物、六价铬化合物、铅及铅化合物、砷及砷化合物。因此，排污单位可根据本单位实际情况，自行确定监测指标和内容。

对于污染物排放标准、环境影响评价文件及其批复或其他环境管理制度有明确要求的，排污单位应按照要求对其周边相应的空气、地表水、地下水、土壤等环境质量开展监测。对于相关管理制度没有明确要求的，排污单位应依据《中华人民共和国大气污染防治法》《中华人民共和国水污染防治法》的要求，根据实际情况确定是否开展周边环境质量影响监测。排污单位可根据本单位实际情况，自行确定监测指标和内容。

2.1.1.3 关键工艺参数监测

污染物排放监测需要专门的仪器设备、人力物力，经济成本较高。污染物排放状况与生产工艺、设备参数等相关指标有一定的关联性，而这些工艺或设备相关参数的监测，有些是生产过程中必须开展的，有些虽然不是生产过程中必须开展监测的指标，但开展监测相对容易，成本较低。因此，在部分排放源或污染物指标监测成本相对较高、难以实现高频次监测的情况下，可以通过对与污染物产生和排放密切相关的关键工艺参数进行测试以补充污染物排放监测。

2.1.1.4 污染治理设施处理效果监测

有些排放标准等文件对污染治理设施处理效果有限值要求，这就需要通过监测结果进行处理效果的评价。另外，有些情况下，排污单位需要掌握污染处理设施的处理效果，从而可以更好地调试生产和污染治理设施。因此，若污染物排放标准等环境管理文件对污染治理设施有特别要求的，或排污单位认为有必要的，应对污染治理设施处理效果进行监测。

2.1.2　自行监测方案内容

排污单位应当对本单位污染源排放状况进行全面梳理,分析潜在的环境风险,根据自行监测方案制定能够反映本单位实际排放状况的监测方案,以此作为开展自行监测的依据。

监测方案内容包括单位基本情况、监测点位及示意图、监测指标、执行标准及其限值、监测频次、采样和样品保存方法、监测分析方法和仪器、质量保证与质量控制等。

所有按照规定开展自行监测的排污单位,应在投入生产或使用并产生实际排污行为之前完成自行监测方案的编制及相关准备工作。一旦发生排污行为,就应按照监测方案开展监测活动。

当有以下情况发生时,应变更监测方案:执行的排放标准发生变化;排放口位置、监测点位、监测指标、监测频次、监测技术中的任意一项内容发生变化;污染源、生产工艺或处理设施发生变化。

2.2　设置和维护监测设施

开展监测必须有相应的监测设施。为了保证监测活动的正常开展,排污单位应按照规定设置满足监测所需要的设施。

2.2.1　监测设施应符合监测规范要求

开展废水、废气污染物排放监测,应保证现场设施条件符合相关监测方法或技术规范的要求,确保监测数据的代表性。因此,废水排放口、废气监测断面及监测孔的设置都有相应的要求,要保证水流、气流不受干扰且混合均匀,采样点位的监测数据能够反映监测时段污染物排放的实际情况。

我国废水、废气监测相关标准规范中规定了监测设施必须满足的条件,排污单位可根据具体的监测项目，对照监测方法标准和技术规范确定监测设施的具体设置要求。国家环境保护局于 1996 年 5 月 20 日发布的《排污口规范化整治技术要求（试行）》（环监〔1996〕470 号）对排污口规范化整治技术提出了总体要求，部分省（区、市）也对其辖区排污口的规范化管理发布了技术规定、标准，对排污单位监测设施设置要求予以明确，如北京市出台的《固定污染源监测点位设置技术规范》（DB 11/1195—2015）、山东省出台的《固定污染源废气监测点位设置技术规范》（DB 37/T 3535—2019）。中国环境保护产业协会发布的《固定污染源废气排放口监测点位设置技术规范》（T/CAEPI 46—2022），对固定污染源监测点位监测设施设置规范进行了全面规定，这也可以作为排污单位设置监测设施的重要参考。总体来说，相关标准规范对监测设施的规定比较零散、不够系统。

2.2.2　监测平台应便于开展监测活动

开展监测活动时需要一定的空间，有时还需要可供仪器设备使用的直流供电，因此排污单位应设置方便开展监测活动的平台，包括以下要求：一是到达监测平台要方便，可以随时开展监测活动；二是监测平台的空间要足够大，能够保证各类监测设备摆放和人员活动；三是监测平台要备有需要的电源等辅助设施，确保监测活动开展所必需的各类仪器设备和辅助设备能够正常工作。

2.2.3　监测平台应能保证监测人员的安全

开展监测活动，必须保证监测人员的人身安全，因此监测平台要设有必要的防护设施。一是高空监测平台，周边要有能够保障人员安全的围栏，监测平台底部的空隙不应过大；二是监测平台附近有造成人体机械伤害、灼烫、腐蚀、触电等的危险源的，应在平台相应位置设置防护装置；三是监测平台上方有坠落物体隐患时，应在监测平台上方设置防护装置；四是排放剧毒、致癌物及对人体有严重危害物质的监测点位，应储备相应的安全防护装备。所有围栏、底板、防护装置使用的材料要符合相关质量要求，能够承受预估的最大冲击力，从而保障人员的安全。

2.3　开展自行监测

2.3.1　自行监测开展方式

在监测的组织方式上，开展监测活动时可以选择依托自有人员、设备、场地自行开展监测，也可以委托有资质的社会化检测机构开展监测。在监测技术手段上，无论是自行监测还是委托监测，都可以采用手工监测和自动监测的方式。排污单位自行监测活动开展方式选择流程如图 2-1 所示。

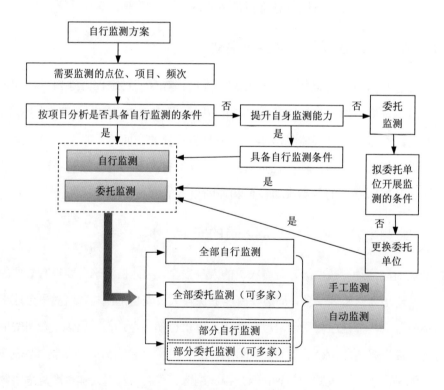

图 2-1　排污单位自行监测活动开展方式选择流程

排污单位首先根据自行监测方案明确需要开展监测的点位、监测项目、监测频次，在此基础上根据不同监测项目的监测要求分析本单位是否具备开展自行监测的条件。具备监测条件的项目，可选择自行监测或委托监测；不具备监测条件的项目，排污单位可根据自身实际情况，决定是否提升自身监测能力，以满足自行监测的条件。如果通过筹建实验室、购买仪器、聘用人员等方式可达到开展自行监测条件的，可以选择自行监测。若排污单位委托社会化检测机构开展监测，需要按照不同监测项目检查拟委托的社会化检测机构是否具备承担委托监测任务的条件。若拟委托的社会化检测机构符合条件，则可委托社会化检测机构开展委托监测；若不符合条件，则应更换具备条件的社会化检测机构承担相应的监测任务。因此，排污单位自行监测有 3 种方式：全部自行监测、全部委托监测、部分自行监测部分委托监测。同一排污单位针对不同监测项目，可委托多家社会化检测机构开展监测。

无论是自行开展监测还是委托监测，都应当按照自行监测方案要求，确定各监测点位、监测项目的监测技术手段。对于明确要求开展自动监测的点位及项目，应采用自动监测的方式，其他点位和项目可根据排污单位实际情况，确定是否采用自动监测的方式。若采用自动监测的方式，应该按照相应技术规范的要求，定期采用手工监测方式进行校验。不采用自动监测的项目，应采用手工监测方式开展监测。

2.3.2　监测活动开展的一般要求

监测活动开展的技术依据是监测技术规范。除了监测方法中的规定，我国还有一些系统性的监测技术规范对监测全过程或者专门针对监测的某个方面进行了规定。为了保证监测数据准确可靠，能够客观反映实际情况，无论是自行开展监测，还是委托其他社会化检测机构，都应该按照国家发布的环境监测标准、技术规范来开展。

开展监测活动的机构和人员由排污单位根据实际情况决定。排污单位可根据自身条件和能力，利用自有人员、场所和设备自行监测。排污单位自行开展监测时不需要通过国家的实验室资质认定，因为目前国家层面不要求检测报告必须加盖中国质量认证（CMA）印章。个别或者全部项目不具备自行监测能力时，也可委托其他有资质的社会化检测机构代其开展。

无论是排污单位自行监测还是委托社会化检测机构开展监测，排污单位都应对自行监测数据的真实性负责。如果社会化检测机构未按照相应环境监测标准、技术规范开展监测，或者存在造假等行为，排污单位可以依据相关法律法规和委托合同条款追究所委托的社会化检测机构的责任。

2.3.3 监测活动开展应具备的条件

2.3.3.1 自行监测应具备的条件

自行开展监测活动的排污单位，应具备开展相应监测项目的能力，主要从以下几个方面考虑。

（1）人员

监测人员是指与开展生态环境监测工作相关的技术管理人员、质量管理人员、现场测试人员、采样人员、样品管理人员、实验室分析人员（包括样品前处理等辅助岗位人员）、数据处理人员、报告审核人员和授权签字人等各类专业技术人员的总称。

排污单位应设置承担环境监测职责的机构，落实环境监测经费，赋予相应的工作定位和职能，配备相应能力水平的生态环境监测技术人员。排污单位中开展自行监测工作人员的数量、专业技术背景、工作经历、监测能力要与所开展的监测活动相匹配。建议中级及以上专业技术职称或同等能力的人员数量不少于总数的15%。

排污单位应与其监测人员建立固定的劳动关系，明确岗位职责、任职要求和工作关系，使其满足岗位要求并具有所需的权力和资源，履行建立、实施、保持和持续改进管理体系的职责。

排污单位监测机构最高管理者应组织和负责管理体系的建立和有效运行。排污单位应对操作设备、监测、签发监测报告等人员进行能力确认，由熟悉监测目的、程序、方法和结果评价的人员对监测人员进行质量监督。排污单位应制订人员培训计划，明确培训需求和实施人员培训，并评价培训活动的有效性。排污单位应保留技术人员的相关资质、能力确认、授权、教育、培训和监督的记录。

开展自行监测的相关人员应结合岗位设定，熟悉和掌握环境保护基础知识、法律法规、相关质量标准和排放标准、监测技术规范及有关化学安全和防护等知识。

（2）场所环境

排污单位应按照监测标准或技术规范，对现场监测或采样时的环境条件和安全保障条件予以关注，如监测或采样位置、电力供应、安全性等是否能保证监测人员安全和监测过程的规范性。

实验室宜集中布置，做到功能分区明确、布局合理、互不干扰，对于有温湿度控制要求的实验室，建筑设计应采取相应技术措施；实验室应有相应的安全消防保障措施。实验室设计必须执行国家现行有关安全、卫生及环境保护法规和规定，对限制人员进入的实验区域应在其显著区域设置警告装置或标志。

凡是空间内含有对人体有害的气体、蒸气、气味、烟雾、挥发性物质的实验室，应设置通风柜，实验室需维持负压，向室外排风时必须经特殊过滤；凡是经常使用强酸、强碱，有化学品烧伤风险的实验室，应在出口就近设置应急喷淋器和应急洗眼器等装置。

实验室用房一般照明的照度均匀，其最低照度与平均照度之比不宜小于 0.7。微生物实验室宜设置紫外灭菌灯，其控制开关应设在门外并与一般照明灯具的控制开关分开安装。

对影响监测结果的设施和环境条件，应制定相应的标准文件。如果规范、方法和程序有要求，或对结果的质量有影响，实验室应监测、控制和记录环境条件。

当环境条件影响监测结果时，应停止监测。应将不相容活动的相邻区域进行有效隔离。对进入和使用影响监测质量的区域，应加以控制。应采取措施确保实验室的良好内务，必要时应制定专门的程序。

（3）设备设施

排污单位配备的设备种类和数量应满足监测标准规范的要求，包括现场监测设备、采样设备、制样设备、样品保存设备、前处理设备、实验室分析设备和其他辅助设备。现场监测设备主要包括便携式现场监测分析仪、气象参数监测设备等；采样设备主要有水质采样器、大气采样器、固定污染源采样器等；样品保存设备主要指样品采集后和运输过程中可供低温、冷冻或避光保存的设备；前处理设备主要指加热、烘干、消解、蒸馏、过滤、浸提等所需的设备；实验室分析设备主要有离子色谱仪、分光光度计、离子选择电极、万分之一天平等。设备在投入工作前应进行校准或核查，以保证其满足使用要求。

大型仪器设备应配有仪器设备操作规程和仪器设备运行与保养记录；每台仪器设备及其软件应有唯一性标识；应保存对监测具有重要影响的每台仪器设备及软件的相关记录，并存档。

（4）管理体系

排污单位应根据自行监测活动的范围，建立与之相匹配的管理体系。管理体系应覆盖自行监测活动的全部场所。应将点位布设、样品采集、样品管理、现场监测、样品运输和保存、样品制备、实验分析、数据传输、质量控制、记录、报告编制和档案管理等监测活动纳入管理体系。应编制并执行质量手册、程序文件、作业指导书、质量和技术记录表格等，采取质量保证和质量控制措施，确保自行监测数据可靠。

2.3.3.2 委托单位相关要求

排污单位委托社会化检测机构开展自行监测的，也应对自行监测数据的真实性负责，因此排污单位应重视对被委托单位的监督管理。其中，具备监测资质是被委托单位承接监测活动的前提和基本要求。

接受自行监测任务的单位应具备监测相应项目的资质，即所出具的监测报告必须能够加盖 CMA 印章。排污单位除应对资质进行检查外，还应该加强对被委托单位的事前、事中、事后监督管理。

选择拟委托的社会化检测机构前，应对其既往业绩、实验室条件、人员条件等进行检查，重点考虑社会化检测机构是否具备承担委托项目的能力及经验，是否存在弄虚作假的不良记录等。

被委托单位开展监测活动过程中，排污单位应定期或不定期抽检被委托单位的监测记录、监测报告和原始记录等。若有存疑的地方，可现场检查。

每年报送全年监测报告前，排污单位应对被委托单位的监测数据进行全面检查，包括监测的全面性、记录的规范性、监测数据的可靠性等，确保被委托单位能够按照要求开展监测。

2.4　监测质量保证与质量控制

无论是自行开展监测还是委托社会化检测机构开展监测，都应该根据相关监测技术规范、监测方法标准等要求做好质量保证与质量控制。

自行开展监测的排污单位应根据本单位自行监测的工作需求，设置监测机构，梳理制定监测方案、样品采集、样品分析、出具监测结果、样品留存、相关记录的保存等各个环节，制定工作流程、管理措施与监督措施，建立自行监测质量体系，确保监测工作质量。质量体系应包括对以下内容的具体描述：监测机构、人员、出具监测数据所需仪器设备、监测辅助设施和实验室环境、监测方法技术能力验证、监测活动质量控制与质量保证等。

委托其他有资质的社会化检测机构代其开展自行监测的，排污单位不用建立监测质量体系，但应对社会化检测机构的资质进行确认。

2.5 记录和保存监测数据

记录监测数据与监测期间的工况信息，整理成台账资料，以备管理部门检查。手工监测时应保留全部原始记录信息，全过程留痕。自动监测时除通过仪器全面记录监测数据外，还应有运行维护情况。另外，为了更好地梳理污染物排放状况、了解监测数据的代表性、对监测数据进行交叉印证、形成完整的证据链，还应详细记录监测期间的生产和污染治理状况。

排污单位应将自行监测数据接入全国污染源监测信息管理与共享平台，公开监测信息。此外，可以采取以下一种或者几种方式让公众更便捷地获取监测信息：公告或者公开发行的信息专刊，广播、电视等新闻媒体，信息公开服务、监督热线电话，本单位的资料索取点、信息公开栏、信息亭、电子屏幕、电子触摸屏等场所或者设施，其他便于公众及时、准确获得信息的方式。

第3章 砖瓦工业发展及污染排放状况

建材行业是国民经济的重要基础产业，砖瓦作为建材行业重要构成之一，是墙体屋面及路面材料的重要组成部分。我国砖瓦企业量大面广、污染物排放总量较大，是大气环境管理重点关注的行业之一。本章围绕砖瓦工业行业概况、发展趋势和产业政策现状进行简要介绍。同时，针对砖瓦工业主要的环境污染关注点和废水、废气排放总体特征进行概述，对典型工艺流程污染物产排污节点和污染治理技术进行简要说明。砖瓦工业的行业概况及发展趋势和污染排放特征，不仅是砖瓦工业环境管理与自行监测要求的重要依据，更是砖瓦工业排污单位自行监测技术指南的重要依据。

3.1 行业发展概况及政策要求

砖瓦是关乎建筑物质量品质、寿命安全、节能防水和防灾减灾的基础建筑材料。21世纪以来，我国砖瓦行业取得了长足发展，较好地满足了建筑发展需要，产品品种持续增多，装备水平稳步提高，企业规模逐步扩大，使用范围不断扩展，实心黏土砖等落后产品、高排放土窑和轮窑等落后产能加速淘汰，行业资源综合利用成效显著，并正加速向无害化、资源化消纳固体废物、构建循环经济产业链的绿色功能产业转型。但我国砖瓦行业整体大而不强，节能减排压力大，行业生产集中度低，全员劳动生产率不高，产品开发难以全面适应建筑工业化和城乡建筑及基础设施发展的新需求，日渐成为建材工业稳增长、调结构、增效益的短板。

3.1.1　行业发展概况

我国砖瓦工业量大面广，单个企业污染物排放量虽然不高，但整个行业企业众多，产能巨大，污染物排放总量相对较高。砖瓦产品的运输半径很小，一般为 50～100 km，生产企业多分布在应用市场的周边地区。随着我国城市建设步伐加快，砖瓦工业已经从全国各地逐渐集中到三、四线城市及广大农村地区。

改革开放以来，我国砖瓦企业的结构发生了重大变化，作为行业主体的国营砖瓦企业，约有 90%退出了市场，取而代之的是民营和股份制企业。20 世纪 80 年代，砖瓦工业异军突起，企业数量快速上升，90 年代中期达到 12 万家，但行业整体规模结构以中小企业为主。进入 21 世纪，随着我国工业化进程加快，中小规模的砖瓦企业迅速淘汰，到 2016 年约有 5 万家砖瓦企业，烧结砖制品产能 8 100 多亿块（折标砖），位居世界第一。根据 2017 年烧结砖行业环保专项执法检查的通报，全国共有烧结砖企业 32 103 家，其中规模以上企业约 3 052 家，规模以上产量约 5 300 亿块，占总产量的 65.4%。2018 年烧结砖企业已减少至约 3.5 万家，北京、上海烧结砖瓦企业已清零，河南、湖南、四川、湖北、安徽、贵州、江西 7 个省砖瓦企业数量均超过 2 000 家。2019 年，我国出台了应急减排清单，砖瓦企业数量再一次减少。2020 年，除广东省砖瓦企业数量呈增长趋势外，其他省（区、市）企业数量都呈减少趋势，我国各省（区、市）砖瓦企业近几年分布情况见图 3-1。

随着技术的发展，砖瓦行业的各种利废（煤矸石、粉煤灰和各种废渣）和环保新型墙体材料产品得到快速发展，年产近 3 000 亿块（折标砖），烧结瓦约 400 亿片。其中年产 6 000 万块及以上的企业约占 16%，年产 3 000 万～6 000 万块的企业占 42%，其余为年产 3 000 万块以下的企业。年产 6 000 万块及以上的大型企业在逐年增加，年产 3 000 万块以下的小型企业呈逐年下降趋势。

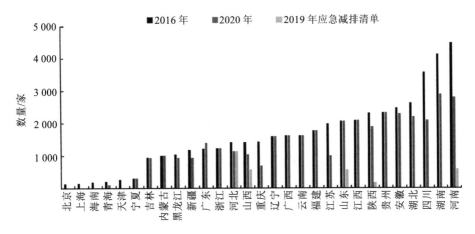

图 3-1　我国各省（区、市）砖瓦企业分布情况

3.1.2　产业政策现状

《国务院办公厅关于促进建材工业稳增长调结构增效益的指导意见》（国办发〔2016〕34 号）提出，要牢固树立和贯彻落实创新、协调、绿色、开放、共享的发展理念，抓住产能过剩、结构扭曲、无序竞争等关键问题，在供给侧截长补短、压减过剩产能，有序推进联合重组，改善企业发展环境，增强企业创新能力，扩大新型、绿色建材生产和应用，积极开展国际产能合作，优化产业布局和组织结构，有效提高建材工业的质量和效益。

《工业和信息化部　环境保护部　国家安全监管总局关于加快烧结砖瓦行业转型发展的若干意见》（工信部联原〔2017〕279 号）提出：一是要贯彻落实"创新、协调、绿色、开放、共享"的发展理念，坚持创新驱动发展，以建设质量提高和建筑功能改善等新需求为牵引，以结构优化、治污减排和节约资源为主线，针对产业结构、节能减排和质量安全等方面的突出问题，着力补齐发展短板，推进协同创新和技术进步，提升发展质量和效益，促进行业持续健康发展。二是要大力发展先进产品，坚决淘汰落后产能。发展绿色建筑、装配式建筑和海绵城市等建设所需新产品。发展美丽乡村、传统建筑、园林园艺等建设所需新产品。淘汰落后产品和落后产能。认真落实《产业结构调整指导目录（2011 年本）（2013 年修订）》和《关于利用综合标准依法依规推动落后产能退出的指导意见》（工信部联产业〔2017〕30 号），依法淘汰落后工艺、装备和产品。鼓励东中部地区率先淘汰轮窑生产线。三是要推进绿色生产，促进节能减排。开发并推广适用于砖瓦窑炉烟气脱硫、脱硝、除尘综合治理成套技术和装备，鼓励采用低氮烧成技术，使用清洁燃料（洁净煤制气或天然气）。全面实施排污许可证，严格按证排放污染物，禁止无证排污。支持利用适用技术装备进行节能改造，提升砖瓦窑炉热工效率，推广大断面隧道窑和自动焙烧技术。鼓励利用工业固体废物、矿物尾渣、淤泥、污泥、农林废弃物等替代一次原燃料，支持利用建筑垃圾生产砖瓦制品，进一步扩大资源综合利用范围，提高原燃料中固体废物掺配比例，减少对天然资源的消耗。加大力度研发利用砖瓦烧结窑炉协同处置河湖淤泥、建筑废弃土、建筑渣土及其他废弃物的成套技术，探索利用大型烧结砖隧道窑安全处置城市污泥，提高综合处置能力和利用效率。四是推动智能制造，提高质量安全。加快自动化改造，推进智能制造。加强质量管理，提升质保能力。完善安全生产制度，积极防治职业病。

3.1.3　固体废物在砖瓦行业中的综合利用

根据生态环境部《2021 中国生态环境状况公报》发布的信息统计，2020 年全国一般工业固体废物产生量为 36.8 亿 t，综合利用量为 20.4 亿 t，处置量为 9.2 亿 t。《2020 年全国大、中城市固体废物污染环境防治年报》中 2019 年全国 196 个大、中城市一般工业固体废物产生量达 13.8 亿 t，工业危险废物产生量为 4 498.9 万 t，医疗废物产生量为 84.3 万 t，城市生活垃圾产生量为 23 560.2 万 t。

在国家墙材革新与建筑节能及保护耕地等政策的推动下，我国砖瓦工业发生了巨大变化，制砖原料从单一的黏土向多类型发展，包括页岩、江河淤泥、煤矸石、粉煤灰、生活污泥、建筑渣土、各种工业废弃物等；产品向多品种和多规格发展，其中烧结类包括实心砖、多孔砖、空心砖、空心砌块、墙地砖、路面砖、煤矸石砖、粉煤灰砖、墙体装饰挂板等；非烧结类包括蒸压灰砂砖、蒸压粉煤灰砖、加气混凝土、混凝土砌块及各种墙板等。截至 2018 年年底，行业大量落后产能被淘汰，技术装备已接近国外先进水平，行业综合利废水平得到大幅提升，砖瓦工业已成为我国较大的固体废物综合利用行业，年利用各类固体废物 1.35 亿 t 及以上，年节约能源 3 200 万 t 标准煤。

国家质量监督检验检疫总局、国家标准化管理委员会 2010 年 9 月发布的《城镇污水处理厂污泥处置 制砖用泥质》（GB/T 25031—2010）规定了城镇污水处理厂污泥制烧结砖利用的泥质、取样和监测。该标准规定，污泥在储存和运输时，大气污染物（氨、硫化氢、臭气浓度、甲烷）排放最高允许浓度应满足列表中的要求；污泥在制烧结砖时，大气污染物排放最高允许浓度应满足《城镇污水处理厂污泥处置 单独焚烧用泥质》（GB/T 24602—2009）的要求。

3.1.4 砖瓦行业绩效分级政策要求

2020 年，生态环境部发布《重污染天气重点行业应急减排措施制定技术指南（2020 年修订版）》，指导砖瓦等 39 个重点行业开展差异化绩效分级管控，对砖瓦行业落后产能淘汰及污染治理升级改造有着积极意义。

该技术指南所列出的砖瓦减排措施为：

（1）A 级企业

鼓励结合实际，自主采取减排措施。

（2）B 级企业

黄色预警期间：停止使用国四及以下重型载货车辆（含燃气）进行运输。

橙色预警期间：禁止新坯进窑或蹲火保窑，并保证窑内产品生产完成，预警响应时间连续超过 60 小时，应减少原进窑车量 40%；破碎、成型等排放颗粒物工序停产；停止使用国四及以下重型载货车辆（含燃气）进行运输。

红色预警期间：禁止新坯进窑或蹲火保窑，破碎、成型等排放 PM 工序停产；停止公路运输。

（3）C 级企业

黄色预警期间：破碎、成型等排放颗粒物工序停产；停止使用国四及以下重型载货车辆（含燃气）进行运输。

橙色预警期间：停产 50%，以生产线计；停止公路运输。

红色预警期间：停产；停止公路运输。

（4）D 级企业

黄色及以上预警期间：停产；停止公路运输。

①非烧结砖企业：

引领性企业：鼓励结合实际，自主采取减排措施。

②非引领性企业：

黄色预警期间：停止使用国四及以下重型载货车辆（含燃气）进行运输。

橙色预警期间：停产；停止使用国四及以下重型载货车辆（含燃气）进行运输。

红色预警期间：停产；停止公路运输。

针对焙烧等短时间内难以停产的工序，建议在重污染频发的秋冬季期间，提前调整生产计划，确保企业焙烧工序能够有效落实应急减排措施。有条件的城市可以结合实际采取区域统筹的方式，实行轮流停产减排；非秋冬季时段可以采用蹲火保窑的方式减少污染物排放。

3.1.5　砖瓦行业产业结构调整政策要求

2019 年 10 月，国家发展改革委发布《产业结构调整指导目录（2019 年本）》，自 2020 年 1 月 1 日起施行。《产业结构调整指导目录（2011 年本）（修正）》同时废止。新版目录对砖瓦行业的产业结构调整予以规定。

其中鼓励类包括，利用不低于 2 000 t/d（含）新型干法水泥窑或不低于 6 000 万块/a（含）新型烧结砖瓦生产线协同处置废弃物。

限制类包括黏土空心砖生产线（陕西、青海、甘肃、新疆、西藏、宁夏除外）；15 万 m^3/a（不含）以下的加气混凝土生产线；6 000 万标砖/a（不含）以下的烧结砖及烧结空心砌块生产线。

淘汰类包括砖瓦轮窑（2020 年 12 月 31 日前建立）以及立窑、无顶轮窑、马蹄窑等土窑；普通挤砖机；SJ1580-3000 双轴、单轴制砖搅拌机；SQP400500-700500 双辊破碎机；1000 型普通切条机；100 t 以下盘转式压砖机；手工制作墙板生产线；简易移动式砼砌块成型机、附着式振动成型台；单班 1 万 m^3/a 以下的混凝土砌块固定式成型机、单班 10 万 m^2/a 以下的混凝土铺地砖固定式成型机。

3.2　生产工艺及污染物排放特征

3.2.1　砖瓦工业工艺流程

砖瓦产品分为烧结制品和非烧结制品两类，生产工艺大体相同，包括原料破碎、成型、干燥、烧成（非烧结制品不需经此工序，但一般设常温蒸汽养护或高温蒸压养护）等工序。焙烧窑及蒸汽锅炉是主要的热工设备，也是该行业大气污染物排放的主要来源。典型烧结砖瓦制造工艺流程见图 3-2。

①原料入库：运输进厂的原料淤泥和进厂的煤矸石分区堆存于原料库。

②破碎和筛分：由装载机将原料库中的原料分别送入各自的板式给料机，按比例均匀地喂料进破碎机，原料被破碎为约 10 mm 的粒径，破碎后原料经孔径为 2.5 mm 的滚动筛过筛。破碎和筛分的粉尘经除尘器处理后外排。未过筛的大颗粒原料可以破碎回用，除尘器收集的尘渣也可以回用。

③搅拌和陈化：筛好的物料进入密闭搅拌机，并按照一定配比加水搅拌均匀后输送至陈化区陈化 72 小时，使原料颗粒内部水分及成分更加均匀，原料塑性增加。

④成型：陈化物料被对辊机挤压后形成更加均匀、具有一定强度和密度的泥条，将泥条经皮带输送机送至切坯切条系统，切割成标准的砖坯。将砖坯进行码坯，要求"上密、下稀，边密、中稀"，使窑内的温度尽可能均匀分布，有利于坯垛各部位气流的分配。制砖过程产生的废坯可搅拌回用。

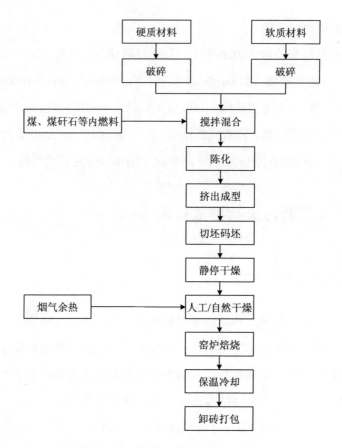

图 3-2 典型烧结砖瓦制造工艺流程

⑤烘干和烧制：码好的砖坯由牵引机引至烘干区的进口端，用液压顶车将码好的砖坯顶入烘干区烘干 2 小时左右，烘干使用烧制烟气烘干。干燥好的砖坯运至烧制区进行烧制，温度约为 1 000℃烧制 24 小时。烧制过程中产生的废气经烘干区余热利用后外排。废气处理产生的石膏回用于生产。

⑥检验、入库：烧制好的砖（装在窑车上），由牵引车拉出运到卸车区，同时对砖的质量进行检查验收，合格产品运往成品场地堆放，等待出厂；不合格的产品被破碎回用。

3.2.2　污染物排放状况分析

（1）废气

砖瓦工业排污单位主要污染物为大气污染物，包括有组织排放和无组织排放两大类。有组织排放主要是砖坯在焙烧、烘干、成型等过程中产生的废气。我国砖瓦行业普遍采用内燃烧技术，使用的燃料品种以含热能废弃物煤矸石、粉煤灰、炉渣、烟道灰以及江河湖海淤泥、生活污泥、建筑垃圾为主，燃煤为辅，少量使用生物质燃料、天然气或燃料油。因此，有组织排放废气的主要污染物为二氧化硫、氮氧化物、颗粒物和氟化物，采用江河湖海淤泥和城市污泥等生产砖瓦制品，还会产生臭气污染。无组织排放废气来源于给料、原料破碎、筛分、搅拌、打包等工序产生的粉尘污染。

（2）废水

砖瓦工业排污单位的废水包括生产废水和生活污水，排放量较小且大部分企业可做到废水回用。部分排污单位因为地处偏僻，废水难以纳入城市污水管网，所以一般情况下，生活污水经厂区自建污水处理站进行处理后达标排放或者作为中水回用。生产废水一般经过滤、沉淀等处理后循环利用。

（3）噪声

砖瓦工业排污单位噪声源主要为破碎机、粉碎机、搅拌机、对辊机等各类生产设备及污染物处置设施。

（4）固体废物

砖瓦工业排污单位的一般工业固体废物主要包括脱硫石膏、废渣、除尘灰等，可能产生的危险废物按照《国家危险废物名录》或危险废物鉴别标准和鉴别方法认定。

3.3　污染治理技术

3.3.1　废气污染治理技术

砖瓦行业废气污染物治理技术主要从制砖源头削减、清洁生产等方面着手。

源头削减：选配合理的燃料，选择低硫、低氮原料、燃料，也可以在原料中配一定量的固硫剂；在原材料中添加外加剂（如石灰、溶剂性粉料、釉料等），减少氟的释放。

清洁生产：选择工艺先进的窑型，隧道窑选择烘烧分体窑型；做好窑炉的保温，降低砖坯的燃料配比；通过调整原辅材料配比，降低烧成温度，从而降低氮氧化物的产生；适当延长高温煅烧结时间；严格控制坯体入窑含水量，通过增加砖坯静停时间、利用窑炉低温余热烘干砖坯、改进烘干窑送风和排潮方式、使用高挤压力的砖机降低砖坯基础含水率；通过设置双层窑门减少窑漏风、烟气复烧、增加烘干窑余热温度降低干燥用风量、干燥窑排潮烟气替代配冷风空气等方式降低烟气量和含氧量；设计合理的工艺，如采取密闭等措施，减少无组织排放。

3.3.1.1　有组织排放治理

（1）颗粒物治理技术

①布袋除尘器是破碎、筛分、搅拌等工序应用较多的除尘器，是一种干式滤尘装置。其原理是利用纤维织物的拦截、惯性、扩散、重力、静电等协同作用对含尘气体进行过滤。当含尘气体进入布袋除尘器后，颗粒大、比重大的粉尘由于重力作用沉降下来，落入灰斗；含较细粉尘的气体通过滤料时，粉尘被截留，气体得到净化。主要特点：除尘效率高，其对颗粒物的截留率可达 99.50%～99.99%，出口烟尘浓度可控制在 30 mg/m^3 或 20 mg/m^3 以下；处理风量范围广，占地面积小，控制系统简单，维护操作方便；耐高温，采用特殊材料作为滤料时，可在

200℃以上的高温条件下运行；对粉尘特性不敏感，不受粉尘及电阻的影响。然而使用布袋除尘器需要特别注意以下几点：

一是控制原料的湿度。湿度过高会加速颗粒物在滤料表面的积累，进而增大布袋除尘器的阻力。

二是防止布袋除尘器结露现象的发生。当布袋室内气体温度低于露点时，滤袋内便会结露，灰尘会在水的作用下出现凝结，滤袋表面颗粒物由松散状态变为潮湿状态，堵塞滤料表面的孔隙，增大布袋除尘器的阻力。

三是定期更换滤袋，确保布袋除尘器处于良好的运行状态。

②电除尘技术是在高压电场内，使悬浮于烟气中的烟尘或颗粒物受到气体电离的作用而荷电，荷电颗粒在电场力的作用下，向极性相反的电极运动，并吸附在电极上，通过振打、水膜清除等使其从电极表面脱落，实现除尘的全过程。电极表面灰的清除依据是否用水，分为干式电除尘和湿式电除尘。干式电除尘常被称作电除尘，湿式电除尘常被称作湿电。电除尘技术具有除尘效率高、适用范围广、运行费用较低、使用维护方便、无二次污染等优点，但其除尘效率受煤、灰成分等影响较大，且占地面积较大，除尘效率一般可达 99.20%~99.85%。

③电袋复合除尘技术是电除尘与袋式除尘有机结合的一种复合除尘技术。该技术首先利用前级电场收集大部分烟尘，同时使烟尘荷电，其次利用后级袋区过滤拦截剩余的烟尘，实现烟气净化。电袋复合除尘器按照结构型式可分为一体式电袋复合除尘器、分体式电袋复合除尘器和嵌入式电袋复合除尘器。其中，一体式电袋复合除尘器技术最为成熟，应用最为广泛。电袋复合除尘器具有长期稳定低排放、运行阻力低、滤袋使用寿命长、运行维护费用低、占地面积小、适用范围广的特点。电袋复合除尘器能够长期稳定保持污染物达标或超低排放，除尘效率为 99.50%~99.99%，出口烟尘浓度通常在 20 mg/m³ 以下。烟气除尘工艺比较见表 3-1。

表 3-1 烟气除尘工艺比较

类　型	主要特点
高效电除尘器	除尘效率高，能捕集 1 μm 以下的细微粉尘；处理烟气量大，可用于高温、高压和高湿以及高含硫的场合，并实现自动化连续运转；具有低阻的特点，压力损失仅 100～200 Pa；造价适中，使用寿命长，至少使用 8～10 年；运行稳定，不结露，不爬电，故障率低；运行费用低
电袋复合除尘器	适用于高比阻粉尘收集，除尘效率具有高效性和稳定性，不受煤种、烟灰特性影响；运行比阻比纯布袋除尘器低 500 Pa，可减少引风机功率消耗；清灰周期长、气源能耗小；可延长滤袋使用寿命；一次性投资少，运行维护费用低
袋式除尘器	自身阻力小；清灰能力强，清灰均匀，效果好；过滤负荷高；检查和更换滤袋方便；设备造价低，设备紧凑，占地面积小；可实现以 PLC 可编程控制器为主机的控制系统

（2）二氧化硫治理技术

①石灰石/石灰-石膏湿法脱硫技术是一种较为成熟的脱硫工艺，对负荷变化具有较强的适应性，可根据入口烟气条件和排放要求，通过改变物理传质系数或化学吸收效率等调节脱硫效率，脱硫效率达 95.0%～99.7%，可长期稳定运行并实现达标排放。同时采用该技术需注意以下问题：

一是运行操作系统复杂，投资、运行成本高。二是反应生成酸，对设备造成腐蚀，设备更换周期短。三是二水硫酸钙副产物以及脱硫废水处理较难，增加了处理成本。

②双碱法脱硫工艺主要利用氢氧化钠和碳酸钠对烟气中的二氧化硫进行去除，分为两个步骤，即钠碱脱硫生成亚硫酸氢钠与钙碱再生亚硫酸钠两个主要循环过程。其主要特点是一次性投资成本和运行成本相对较低；脱硫效率高，可达 95% 以上；不会造成副产物的过饱和、结晶和管路结垢、堵塞等问题。

③镁法脱硫工艺采用的吸收剂为 MgO，副产物是 $MgSO_4 \cdot 7H_2O$，脱硫效率可达 95% 以上，不容易结垢、堵塞和磨损。其主要影响因素：一是吸收剂的来源受地域限制，多集中在辽宁、山东和河北等地；二是副产物处理困难；三是吸收剂若重复使用，需要进行再生，系统复杂，能耗高。

④湿法脱硫除尘一体化技术。此技术在工艺控制好、不投外燃煤的情况下，可将砖瓦窑颗粒物浓度控制在 30 mg/m³ 以下。通过后端加装湿式电除尘、管束除尘或二级湿式除尘，可进一步控制颗粒物浓度在 20 mg/m³ 以下。其他工艺环节通过采取封闭措施和采用袋式除尘技术，颗粒物排放浓度能稳定控制在 20 mg/m³ 以下。

（3）氮氧化物治理技术

砖瓦行业氮氧化物治理技术主要有选择性非催化还原技术（SNCR）、选择性催化还原技术（SCR）、臭氧氧化技术等。

①选择性非催化还原技术。在炉膛温度为 850～1 050℃ 及无催化剂作用下，液氨、尿素或氨水等氨基还原剂可选择性地将烟气中的 NO_x 转化为 N_2 无害气体。此工艺在砖瓦行业尚未大规模应用，应根据烟气条件和窑炉特点进行灵活调整布置。

②选择性催化还原技术。在催化剂的作用下，利用 NH_3、液氨、尿素等还原剂有选择性地与烟气中的 NO_x 反应并生成无毒无污染的 N_2 和 H_2O。砖瓦工业可综合考虑烟气特性、运行条件和工程场地等，在中低温、中高尘的布置方式下，降低烟气中湿度和二氧化物含量带来的效率影响，选用大节距的中低温蜂窝式催化剂。该技术投资和运行费用较高。

③臭氧氧化技术。利用臭氧的强氧化特性，将不可溶的低价态氮氧化物氧化成可溶的高价态氮氧化物，提高烟气中氮氧化物的水溶性，再利用碱液脱除。

（4）氟化物治理技术

在烧结砖瓦原材料中，氟化物是最常见，也是频繁出现的一种物质。砖瓦使用原材料（黏土、页岩等）、燃料（煤、煤矸石等）以及搅拌用水中均含有氟，研究资料表明，砖瓦原材料中含氟量为 0.01%～0.15%,焙烧过程煤含氟量为 0.009%～0.03%,搅拌用水含氟量为 0.003%～0.01%,国内高氟地区,水中含氟量达 0.009%～0.037%。

①干吸附法。干吸附法是将石灰粉或石灰石粉末喷入烟气流中，形成烟气-固体混合物，利用固体石灰吸附烟气中的氟化氢。对于氟的分离可采用石灰捕集

袋式过滤器，石灰以粉末的形式喷入烟道中。烟气中的氟以粉末形式被截留下来，之后当烟气通过多孔的过滤袋时被分离出来。干吸附法可以将烟气中氟化氢的含量降低至 5 mg/m³ 以下。由于干吸附过滤除尘方法的运转成本过高，德国最先研制出一种新的吸附方法：将一组多层的颗粒状石灰石（$CaCO_3$）板组成过滤器，过滤时粉尘沉积在石灰石板上。该类型的净化过滤器是从石英过滤器转化过来的一种净化过滤器，只需将石英-砂砾层改换成 3~4 mm 的石灰石层即可。烟气除尘的同时也使有害气体如 HF、SO_3 与石灰石反应生成 CaF_2 和 $CaSO_4$。大量的研究表明，粒状的石灰石完全可以作为干吸附介质。还有一些研究机构研究了石灰石颗粒尺寸对反应程度的影响。干吸附法主要特点是投资少、运行成本低；耐高温，可在高温下直接净化烟气；隔热性能好，净化后的烟气可导入热交换器中进行热交换，回收烟气中的热量。

②烟气冷凝法。烟气冷凝法是将烟气导入一种特制的热交换器中进行冷却，将烟气中的有害污染气体冷凝沉淀，减少了烟气中的氟化物、硫化物的含量。氟化氢的沉淀温度约为 30℃。这种沉淀过程产生了强酸性的沉淀物质——氢氟酸、硫酸和亚硫酸。因此，该热交换器的制造材料必须是高度耐腐蚀的材料。烟气冷凝一般要经过 3~4 个温度阶段。烟气冷凝法的优点是可以回收较多的热量，烟气冷凝法的缺点是投资高于干法吸附的石灰石净化过滤器。烟气冷凝可使烟气中的氟化物和硫化物明显地降低。冷凝后的物质用石灰乳（石灰水）进行中和。中和产生的固体沉淀物，如 $CaSO_4$ 和 CaF_2，可从液体中分离出来，如经压力过滤器分离出固体物质。

③烟气洗涤法。烟气洗涤法原理是运用喷淋增湿冷凝并离心分离，采用多级净化方案实现脱硫去氟除尘。国内开发的烟气净化洗涤器集除尘、脱硫、去氟、脱氮、气水分离等功能于一体，设计合理、结构新颖、高效无结垢。

第一级，烟气首先经过预处理装置，即喷淋冷却段，达到对烟气降温、吸收部分烟尘和脱硫的效果。

第二级，烟气由切线方向进入旋风水膜除尘段，靠离心力将较大颗粒的烟尘甩向塔壁，并被沿壁下流的水膜带下。灰水经塔体下部的水封管排入水封池并沿冲灰渣沟进入循环沉渣池澄清后，用循环泵将其打回环形喷淋管内喷出形成水膜。完成第二级净化或者说两个循环后，除尘效率可达 85%～90%，脱硫效率约为 10%。

第三级，经水膜除尘后的烟气经过脱硫段内的 XP 型塔板时，与来自循环池的亚硫酸钙悬浮液和石灰乳进行充分的逆流接触以脱除烟气中的 SO_2 和 HF、SiF_4 细尘，完成脱硫后的悬浮液返回循环池。循环池定期将生成的钙硫渣沉淀分离，新鲜石灰乳不断补入循环池，以保证池内的亚硫酸钙脱硫剂的流量平衡和质量平衡，pH 控制在 8 左右为宜。

第四级，脱硫后的烟气经主塔顶部的旋流脱水器初步脱水后，进入副塔完成进一步的离心脱水除尘。

第五级，烟气进入副塔后，在高强度离心力场作用下，细小颗粒粉尘和细小颗粒雾滴获得高效分离，在其侧壁集水槽和排气管集水管的作用下，风机不带水工作，从而风机不受到腐蚀，延长了风机寿命。净化后的烟气经引风机进入烟囱排放。

（5）臭气治理技术

臭气治理技术一般有物理吸附法、化学洗涤吸收法、生物法、催化燃烧法、等离子法、植物液喷洒法等。

①物理吸附法。采用活性炭、沸石等多孔介质吸附恶臭物质。该方法工艺简单，一次性投入少，但吸附介质使用寿命短，吸附介质需要再生或者更换，处理效率不稳定，对高浓度臭气处理效率较低。

②化学洗涤吸收法。利用化学药剂与臭气分子发生化学反应，生成无臭物质。该方法低浓度、大风量恶臭气体处理效率高，反应速率快；常温下运行，占地面积小；但运行维护费用高，存在二次污染。

③生物法。利用附着在反应器内填料上的微生物，在新陈代谢过程中将废气中的污染物降解为简单的无机物和微生物细胞质。该技术除臭效率高，处理彻底，

操作简单,无二次污染,运行费用较低。生物法处理臭气主要有生物滤池、生物洗涤塔、生物滴滤池等几种结构形式。

④催化燃烧法。臭气在温度 200~500℃和滞留时间 0.3~0.5 s 的条件下被催化燃烧,分解为 CO_2 和 H_2O。该方法使用于高浓度的臭气治理,分解效率高,但设备易腐蚀,消耗燃料多,成本高,易造成二次污染。

⑤等离子法。利用高频高压静电特殊脉冲放电产生高密度高能活性离子,与臭气接触,将臭气分解成 CO_2 和 H_2O。该方法设备体积小,但一次性投入成本较高,同时运行维护成本也较高。

⑥植物液喷洒法。利用天然植物除味液吸附空气中的臭气分子,并与臭气分子发生聚合、分解等化学反应,从而达到去除臭气的目的。该方法设备安装简便,投资少,但效率较低,运行费用较高。

3.3.1.2 废气无组织排放控制

砖瓦生产过程易造成无组织排放且难以管控。无组织排放的工序主要包括原料粉碎、成型、干燥、烧成、检验、包装等。颗粒物的无组织排放重点为煤场、物料储存,其次为装卸、输送等储运环节,以及产品制备成型等工艺环节。原煤和物料的卸料、储存过程中易产生颗粒物的无组织排放。煤场储量大、周转频繁,块石、黏土等堆场也是重要的无组织排放源。原煤、煤矸石等在破碎、筛分、转运过程中易产生颗粒物的无组织排放,若砖瓦工业原燃料制备、配料和输送系统半封闭化管理不足,转运点除尘净化系统配置不足,也会导致颗粒物的无组织排放。

为实现对无组织排放的有效控制,黏土、页岩、煤矸石、原煤等原料、燃料应储存于封闭、半封闭料场(仓、库、棚)中,或四周设置防风抑尘网、挡风墙。采用半封闭料场措施的,料场应至少有两面围墙(围挡)及屋顶,并对物料采取覆盖、喷淋等抑尘措施;采取防风抑尘网、挡风墙措施的,防风抑尘网、挡风墙高度应不低于堆存物料高度的 1.1 倍,并对物料采取覆盖、喷淋等抑尘措施;使用淤泥作为原料的应采用封闭式料仓,同时采用负压方式将恶臭气体抽至窑炉内,经高温燃烧后,经排气筒排放。破碎及制备成型过程中,各种原料、燃料的破碎筛分过程应在封闭厂房中进行,并配备除尘设施;页岩、煤矸石、煤等破碎筛分应在设备进、出料口等产尘点设置集尘罩,配备除尘设施;配料及混料过程中的产尘点应设置集尘罩,配备除尘设施。窑顶外加煤应密闭贮存,窑顶投煤孔不操作时应及时关闭;加强窑的清扫,窑车在装砖前应进行清扫。

厂区地面采取排水、硬化处理,路面应采取及时清扫、洒水等措施保持清洁;厂区应设置车轮冲洗设施,控制车辆在运输过程中产生的扬尘污染。

3.3.2　废水污染治理技术

砖瓦工业排污单位的废水包括生活污水和生产废水。

(1)生活污水

生活污水一般经厂区自建污水处理站进行处理后达标排放或者作为中水回用。

(2)生产废水

生产废水包括脱硫塔水喷淋用水和抑尘喷淋用水。脱硫塔水喷淋用水通过沉淀池处理后循环使用,不外排。道路以及生产每天需要喷水以减少粉尘影响,此部分用水全部损耗,不外排。

3.3.3　固体废物污染治理技术

砖瓦行业产生的固体废物主要有不合格产品、除尘器收集的粉尘以及脱硫塔钙渣、生活垃圾等。

(1)不合格产品

一般砖瓦企业的不合格产品全部返回破碎机进行重新破碎,回用于生产,不外排。

(2)除尘器收集的粉尘

除尘器收集的粉尘大多为原料粉尘,可全部回用于生产。

（3）脱硫塔钙渣

烟气若经双碱法脱硫除尘器处理后会产生脱硫渣，脱硫渣主要为硫酸钙即脱硫石膏、灰渣等。根据《不同气氛下硫酸钙高温分解热力学分析》，氧化气氛下硫酸钙最难分解，起始分解温度高达 1 600℃，焙烧温度最高为 1 000℃，脱硫除尘沉渣不会再次分解产生二氧化硫。因此应对脱硫除尘沉渣定期进行清理，可全部作为原料进行综合利用。

（4）生活垃圾

生活垃圾主要成分为食品、杂物、纸屑等，可送地方环卫部门处理。

3.3.4　噪声污染治理技术

砖瓦行业噪声主要分为机械噪声和空气动力性噪声，主要的降噪措施包括车间采用封闭结构，具有良好的隔声效果；设备选型尽量选用低噪声设备，对高噪声设备，要加垫减振材料，减少振动的影响，必要时装消音器；厂界四周种植绿化隔离带，建设围墙，进一步阻隔噪声对周围敏感目标的影响。

第4章　排污单位自行监测方案的制定

　　立足排污单位自行监测在我国污染源监测管理制度中的定位，我国于 2017 年 4 月发布了《总则》，后又根据行业特征及污染物排放特征陆续发布了火力发电及锅炉，造纸工业，水泥工业，石油炼制工业，纺织印染工业，提取类制药工业，发酵类制药工业，化学合成类制药工业，钢铁工业及炼焦化学工业，化肥工业—氮肥，石油化学工业，制革及毛皮加工工业，电镀工业，农药制造工业，平板玻璃工业，农副食品加工业，有色金属工业，涂装，水处理，食品制造，酒、饮料制造，涂料油墨制造，磷肥、钾肥、复混肥料、有机肥料和微生物肥料，无机化学工业，化学纤维制造业，电池工业，人造板工业，固体废物焚烧，橡胶和塑料制品，有色金属工业—再生金属等行业标准。2022 年 4 月，《排污单位自行监测技术指南　砖瓦工业》（HJ 1254—2022）等 13 项标准也正式发布，该指南是砖瓦工业排污单位制定自行监测方案的依据。为了让使用者更好地理解标准中规定的内容，本章重点围绕《排污单位自行监测技术指南　砖瓦工业》（HJ 1254—2022）中的具体要求，一方面对其中部分要求的来源和考虑进行说明，另一方面对使用过程中需要注意的重点事项进行说明，以期为指南使用者提供更加详细的信息。

4.1　监测方案制定的依据

　　根据自行监测技术指南体系设计思路，砖瓦工业排污单位主要是按照《排污单位自行监测技术指南　砖瓦工业》（HJ 1254—2022）确定监测方案。同时制定方案时应结合环评产排污环节分析和环评批复确定监测方案，如果《排污单位自行监测技术指南　砖瓦工业》（HJ 1254—2022）中未做规定，但《总则》中进行了明确的规定，应按照其执行。

4.2 废气排放监测

根据砖瓦工业排污单位可能涉及的排放源及排放方式，本节分别对有组织废气和无组织废气排放的监测活动进行点位布设、监测指标和监测频次的说明。

4.2.1 有组织废气

根据《固定污染源排污许可分类管理名录（2019 年版）》的管理要求，对以煤或煤矸石为燃料烧结砖瓦企业进行重点管理，对除以煤或煤矸石为燃料烧结砖瓦以外的企业进行简化管理。

有组织废气污染物监测指标主要依据《砖瓦工业大气污染物排放标准》（GB 29620—2013），监测频次在 HJ 954 的基础上进行了优化调整。

人工干燥及焙烧系统处理设施排气筒为主要排放口，主要监测指标为颗粒物、二氧化硫、氮氧化物，利用淤泥（江河湖海淤泥）、污泥（城市污泥）生产砖瓦制品的排污单位增测臭气浓度，监测频次定为半年；废气中的氟化物排放量较小，为非主要监测指标，因此将监测频次调整为年。

原料破碎、贮存、成型、包装机等通风生产设备对应的排气筒为一般排放口，其外排的污染因子主要为颗粒物。依据《总则》中"重点排污单位主要排放口主要监测指标监测频次为月—季度，其他排放口监测频次为半年—年"的原则，考虑到原料部分多为间歇式供料、点位多、外排废气量小，且 HJ 954 明确要求粉状原料要密闭输送，颗粒物浓度不高，为减轻排污单位自行监测负担，其废气排放口的监测频次定为年。砖瓦工业排污单位有组织废气排放监测点位、监测指标及最低监测频次按照表4-1执行。

表 4-1　有组织废气排放监测点位、监测指标及最低监测频次

产污环节	监测点位	监测指标	监测频次
原辅料制备、成型及包装	粉碎、筛分、配料、混合搅拌、输送设备及其他通风生产设备排气筒	颗粒物	年
人工干燥及焙烧	焙烧窑及干燥室（窑）排气筒	颗粒物、二氧化硫、氮氧化物、臭气浓度 [a]	半年
		氟化物	年

注：1. 应按照相应分析方法、技术规范同步监测烟气参数。

　　2. 利用自然通风进行干燥且有独立排放口的排气筒，参照其他通风生产设备排气筒开展自行监测。

[a] 适用于利用淤泥（江河湖海淤泥）、污泥（城市污泥）生产砖瓦制品的情况。

4.2.2　无组织废气

根据第 3 章的分析，砖瓦工业排污单位根据所用原料和工艺不同，其可能排放的无组织废气主要有颗粒物、二氧化硫、氟化物和臭气浓度。

因砖瓦工业中的非烧结工艺及产污节点不产生二氧化硫和氟化物，为减轻相关企业负担，非烧结砖瓦制品生产线不需要监测二氧化硫和氟化物。参照 HJ 954，将最低监测频次定为年。利用淤泥（江河湖海淤泥）、污泥（城市污泥）生产砖瓦制品的排污单位增测臭气浓度。无组织废气排放监测点位、监测指标及最低监测频次按照表 4-2 执行。

表 4-2　无组织废气排放监测点位、监测指标及最低监测频次

监测点位	监测指标	监测频次
厂界	颗粒物、二氧化硫 [a]、氟化物 [a]、臭气浓度 [b]	年

注：应同步监测气象参数。

[a] 非烧结砖瓦制品生产线可不监测该指标。

[b] 适用于利用淤泥（江河湖海淤泥）、污泥（城市污泥）生产砖瓦制品的情况。

4.3 废水排放监测

根据第 3 章的内容,砖瓦工业排污单位废水主要来源于生活污水和生产废水。

根据《总则》的相关要求,在废水排放监测时主要考虑排污单位的类型、排放去向、排放口监测点位的设置、监测指标及监测频次等要求。排污单位类型按照重点排污单位和非重点排污单位划分;排放去向按照直接排放和间接排放划分。《总则》中明确规定:非重点排污单位废水主要监测指标监测频次为季度,其他监测指标监测频次为年。HJ 954 中规定,陶瓷砖瓦工业排污单位废水总排放口的监测指标为流量、pH、化学需氧量、悬浮物、石油类、五日生化需氧量、氨氮、总磷和总氮,监测频次为季度。而砖瓦工业排污单位不属于废水重点排污单位,多数无生产废水产生,产生的生活污水排放量也较少,因此调研的多数企业未开展废水监测。考虑到监测方案的可行性,将监测指标调整为流量、pH、化学需氧量、悬浮物、五日生化需氧量、氨氮和总磷,监测频次定为半年。废水排放监测点位、监测指标及最低监测频次按照表 4-3 执行。

表 4-3　废水排放监测点位、监测指标及最低监测频次

监测点位	监测指标	监测频次
废水总排放口	流量、pH、化学需氧量、悬浮物、五日生化需氧量、氨氮、总磷	半年

4.4 厂界环境噪声监测

厂界环境噪声监测点位设置应遵循《总则》中的规定:根据厂内主要噪声源距厂界位置布点;根据厂界周围敏感目标布点;"厂中厂"是否需要监测由内部和外围排污单位协商确定;面临海洋、大江、大河的厂界,原则上不布点;厂界紧邻交通干线不布点;厂界紧邻另一家排污单位的,在临近另一家排污单位是否布

点由排污单位协商确定。

对于砖瓦工业排污单位内的噪声源，主要考虑表 4-4 中噪声源在厂区内的分布情况。若排污单位内还存在其他噪声源，应一并考虑，同时根据不同噪声源的强度选择对周边居民影响最大的位置开展监测。厂界环境噪声每半年至少开展一次昼、夜间噪声监测，监测指标为等效连续 A 声级。夜间有频发、偶发噪声影响时，同时测量频发、偶发噪声的最大声级。夜间不生产的可不开展夜间噪声监测。监测的目的主要是促进排污单位做好降噪措施，降低对周边居民的影响，因此周边有噪声敏感建筑物的，应提高监测频次，具体的监测频次可由周边居民、排污单位、管理部门共同协商确定。

表 4-4　厂界环境噪声布点应关注的主要噪声源

噪声源	主要设备
生产车间	破碎机、粉碎机、搅拌机、对辊机、风机等

4.5　周边环境质量影响监测

砖瓦工业排污单位所排放的废水主要是设备冷却排污水、生产过程废水、辅助生产废水和生活用水，主要污染物为化学需氧量、悬浮物、氨氮、生化需氧量等，不含持久性有毒有害污染物，对周边环境影响较小；废气主要污染物为颗粒物、二氧化硫、氮氧化物，其他污染物为氟化物，考虑到这些污染物经环保处理设施后，排放浓度较小，且不含持久性有毒有害污染物，同样对周边环境影响较小，因此不考虑对砖瓦工业排污单位的周边环境质量影响监测提出具体要求。

若环境影响评价文件及其批复、相关环境管理政策有明确要求的，排污单位应按要求开展相应的周边环境质量要素监测。

若管理上没有明确要求，且排污单位认为能说清楚自身排放状况及对周边环境质量影响状况，有必要开展相应要素监测的，可按照相关标准规范开展监测。

4.6 其他要求

（1）《排污单位自行监测技术指南 砖瓦工业》（HJ 1254—2022）中未规定的污染物指标

砖瓦工业排污单位所持排污许可证、所执行的污染物排放（控制）标准、环境影响评价文件及其批复［仅限 2015 年 1 月 1 日（含）后取得环境影响评价批复的排污单位］、相关生态环境管理规定明确要求的污染物指标应纳入自行监测范围。排污单位根据生产过程的原辅用料、生产工艺、中间及最终产品类型、监测结果确定实际排放的，有毒有害污染物名录或优先控制化学品名录中的污染物指标，或其他有毒污染物指标也应纳入自行监测范围。

（2）监测频次的确定

《排污单位自行监测技术指南 砖瓦工业》（HJ 1254—2022）中的监测频次均为最低监测频次，排污单位在确保各指标的监测频次满足《排污单位自行监测技术指南 砖瓦工业》（HJ 1254—2022）的基础上，可根据《总则》中监测频次的确定原则提高监测频次。监测频次的确定原则为不应低于国家或地方发布的标准、规范性文件、规划、环境影响评价文件及其批复等明确规定的监测频次；主要监测指标的监测频次高于其他监测指标；排向敏感地区的，应适当增加监测频次；排放状况波动大的，应适当增加监测频次；历史稳定达标状况较差的，需增加监测频次；达标状况良好的，可以适当降低监测频次；监测成本应与排污企业自身能力相一致，尽量避免重复监测。

（3）其他要求

对于《排污单位自行监测技术指南 砖瓦工业》（HJ 1254—2022）中未规定的内容，如内部监测点位设置及监测要求，采样方法、监测分析方法、监测质量保证与质量控制，监测方案的描述、变更等按照《总则》执行。

4.7　自行监测方案案例示例

为了便于对监测方案示例的正确掌握和应用，本章提供了可供参考的监测方案示例，考虑到实际情况可能会与示例存在不同，特别强调以下两点：

第一，本书附录 5 中列出了可供参考的完整的自行监测方案模板示例，排污单位可根据示例和本单位实际情况，进行相应的调整完善，作为本单位的监测方案使用。本章重点针对附录 5 中的监测点位、监测指标、监测频次、监测方法等内容给出示例，对于共性较大的描述性内容和质量控制等相关内容，本章不再进行列举，但并不意味着不重要或者不需要。

第二，本书给出的排放限值仅用于示例，可能会存在与实际要求略有差异的情况，这与各地实际管理要求有关，也与案例企业的特殊情况有关，本书对此不做深入解释和说明。

4.7.1　示例 1：某砖瓦工业排污单位（采用烧结工艺）

（1）企业基本情况

某砖瓦工业排污单位，以黏土、页岩、煤矸石、粉煤灰、建筑垃圾为主要原料，采用烧结工艺，废水经治理后排入地表水环境。

（2）自行监测方案

1）废气

针对原辅料制备、成型及包装和人工干燥及焙烧工序有组织废气排放监测方案，见表 4-5。

表 4-5　有组织废气排放监测方案

污染源信息		监测点位	监测指标	排放限值	技术手段	监测频次	分析方法
排放口	排放源类型						
排放口编号 1	原辅料制备、成型及包装	排气筒	颗粒物	30 mg/m³	手工	年	《固定污染源废气　低浓度颗粒物的测定　重量法》（HJ 836—2017）
排放口编号 2	人工干燥及焙烧	排气筒	颗粒物	30 mg/m³	手工	半年	《固定污染源废气　低浓度颗粒物的测定　重量法》（HJ 836—2017）
			二氧化硫	150 mg/m³	手工	半年	《固定污染源废气　二氧化硫的测定　便携式紫外吸收法》（HJ 1131—2020）
			氮氧化物	200 mg/m³	手工	半年	《固定污染源废气　氮氧化物的测定　便携式紫外吸收法》（HJ 1132—2020）
			氟化物	3 mg/m³	手工	年	《大气固定污染源　氟化物的测定　离子选择电极法》（HJ/T 67—2001）

根据企业实际情况，在厂界设置无组织排放监测方案，具体见表 4-6。

表 4-6　无组织废气排放监测方案

监测点位	监测指标	排放限值	技术手段	监测频次	分析方法
厂界	颗粒物	1.0 mg/m³	手工	年	《环境空气　总悬浮颗粒物的测定　重量法》（HJ 1263—2022）
	二氧化硫	0.5 mg/m³	手工	年	《环境空气　二氧化硫的测定　甲醛吸收-副玫瑰苯胺分光光度法》（HJ 482—2009）
	氟化物	0.02 mg/m³	手工	年	《环境空气　氟化物的测定　滤膜采样/氟离子选择电极法》（HJ 955—2018）

2）废水

针对企业废水总排放口设置监测方案，见表 4-7。

表 4-7　废水排放监测方案

排放口	监测指标	技术手段	监测频次	分析方法
废水总排放口（排放口编号3）	流量	手工	半年	—
	pH	手工	半年	《水质　pH 值的测定　电极法》（HJ 1147—2020）
	化学需氧量	手工	半年	《水质　化学需氧量的测定　重铬酸盐法》（HJ 828—2017）
	悬浮物	手工	半年	《水质　悬浮物的测定　重量法》（GB 11901—89）
	五日生化需氧量	手工	半年	《水质　五日生化需氧量（BOD$_5$）的测定　稀释与接种法》（HJ 505—2009）
	氨氮	手工	半年	《水质　氨氮的测定　纳氏试剂分光光度法》（HJ 535—2009）
	总磷	手工	半年	《水质　总磷的测定　钼酸铵分光光度法》（GB 11893—89）

3）厂界环境噪声

对工厂四周环境噪声开展监测，监测方案见表 4-8。

表 4-8　厂界环境噪声监测

监测点位	监测指标	排放限值/dB（A）	监测方式	监测频次	监测方法
厂界北外 1 m 处	等效 A 声级	上限：60（昼）；50（夜）	手工	半年	《工业企业厂界环境噪声排放标准》（GB 12348—2008）
厂界西外 1 m 处		上限：60（昼）；50（夜）			
厂界南外 1 m 处		上限：60（昼）；50（夜）			
厂界东外 1 m 处		上限：60（昼）；50（夜）			

4.7.2　示例 2：某砖瓦工业排污单位（采用非烧结工艺）

（1）企业基本情况

某砖瓦工业排污单位以砂石、粉煤灰、石灰及水泥为主要原料，采用非烧结工艺，无废水排放。

（2）自行监测方案

1）废气

针对原辅料制备、成型及包装等有组织废气监测方案，见表4-9。

表4-9 有组织废气排放监测方案

污染源信息		监测点位	监测指标	排放限值	监测方式	监测频次	分析方法
排放口	排放源类型						
排放口编号1	原辅料制备、成型及包装	排气筒	颗粒物	30 mg/m³	手工	年	《固定污染源废气 低浓度颗粒物的测定 重量法》（HJ 836—2017）

根据企业实际情况，在厂界设置无组织废气排放监测方案，具体见表4-10。

表4-10 无组织废气排放监测方案

监测点位	监测指标	排放限值	监测方式	监测频次	分析方法
厂界	颗粒物	1.0 mg/m³	手工	年	《环境空气 总悬浮颗粒物的测定 重量法》（HJ 1263—2022）

2）厂界环境噪声

对工厂四周环境噪声开展监测，监测方案见表4-11。

表4-11 厂界环境噪声监测

监测点位	监测指标	排放限值/dB（A）	监测方式	监测频次	监测方法
厂界北外1 m处	等效A声级	上限：60（昼）；50（夜）	手工	半年	《工业企业厂界环境噪声排放标准》（GB 12348—2008）
厂界西外1 m处		上限：60（昼）；50（夜）			
厂界南外1 m处		上限：60（昼）；50（夜）			
厂界东外1 m处		上限：60（昼）；50（夜）			

4.7.3 示例 3：某砖瓦企业利用淤泥、污泥生产砖瓦制品（采用烧结工艺）

（1）企业基本情况

企业有一座固定式隧道窑，长 100 m，利用淤泥、污泥作为原料，年产 5 000 多万块烧结砖。项目南侧有一条河，东侧、西侧和北侧均为农田。配套设施有粉碎料库、陈化库、原料库、成品堆场，采用市政供水管网供水和市政供电系统供电。厂区内有办公综合楼 1 座，配电房 1 个。配套环保工程：设置封闭式原料库；破碎、筛分除尘采用集气罩、布袋除尘器进行处理，后经 15 m 高排气筒排放；炉窑烟气采用双碱法脱硫除尘，并配有 SNCR 脱硝设施，处理后经 50 m 高排气筒排放；生活污水经化粪池处理后送至污水处理厂处理；生产废水无外排；固体废物分类收集，委托有资质的单位进行处理；噪声采用基础设施减振和厂房隔声进行处理。

（2）自行监测内容

1）废气

有组织废气排放监测方案见表 4-12，无组织废气排放监测方案见表 4-13。

表 4-12 有组织废气排放监测方案

污染源信息		监测点位	监测指标	排放限值	监测方式	监测频次	分析方法
排放口	排放源类型						
排放口编号 1	破碎、筛分、除尘废气排放口	排气筒	颗粒物	30 mg/m³	手工	年	《固定污染源废气 低浓度颗粒物的测定 重量法》（HJ 836—2017）
排放口编号 2	炉窑烟气排放口	排气筒	颗粒物	30 mg/m³	手工	半年	《固定污染源废气 低浓度颗粒物的测定 重量法》（HJ 836—2017）
			二氧化硫	150 mg/m³	手工	半年	《固定污染源废气 二氧化硫的测定 便携式紫外吸收法》（HJ 1131—2020）
			氮氧化物	200 mg/m³	手工	半年	《固定污染源废气 氮氧化物的测定 便携式紫外吸收法》（HJ 1132—2020）
			臭气浓度	—	手工	半年	《环境空气和废气 臭气的测定 三点比较式臭袋法》（HJ 1262—2022）
			氟化物	3 mg/m³	手工	年	《大气固定污染源 氟化物的测定 离子选择电极法》（HJ/T 67—2001）

表 4-13 无组织废气排放监测方案

监测点位	监测指标	排放限值	监测方式	监测频次	分析方法
厂界	颗粒物	1.0 mg/m³	手工	年	《环境空气 总悬浮颗粒物的测定 重量法》(HJ 1263—2022)
	二氧化硫	0.5 mg/m³	手工	年	《环境空气 二氧化硫的测定 甲醛吸收-副玫瑰苯胺分光光度法》(HJ 482—2009)
	氟化物	0.02 mg/m³	手工	年	《环境空气 氟化物的测定 滤膜采样/氟离子选择电极法》(HJ 955—2018)
	臭气浓度	—	手工	年	《空气质量 恶臭的测定 三点比较式臭袋法》(GB/T 14675—93)

2）废水

该企业生活污水外运处置，无工业废水外排，故不再监测废水。

3）厂界环境噪声

对工厂四周环境噪声开展监测，监测方案见表 4-14。

表 4-14 厂界环境噪声监测

监测点位	监测指标	排放限值/dB（A）	监测方式	监测频次	监测方法
厂界北外 1 m 处	等效 A 声级	上限：60（昼）；50（夜）	手工	半年	《工业企业厂界环境噪声排放标准》(GB 12348—2008)
厂界西外 1 m 处		上限：60（昼）；50（夜）			
厂界南外 1 m 处		上限：60（昼）；50（夜）			
厂界东外 1 m 处		上限：60（昼）；50（夜）			

第5章　监测设施设置与维护要求

监测设施是监测活动开展的重要基础，监测设施的规范性直接影响监测数据质量。我国涉及的监测设施设置与维护要求的标准规范有很多，但相对零散，且存在一定的衔接不够紧密的地方。本章立足现有的标准规范，结合污染源监测实际开展情况，对监测设施设置与维护要求进行全面梳理和总结，供开展污染源监测的相关主体参考。

5.1　基本原则和依据

5.1.1　基本原则

排污单位应当依据国家污染源监测相关标准规范、污染物排放标准、自行监测相关技术指南和其他相关规定等进行监测点位的确定和排污口规范化设置；地方颁布执行的污染源监测标准规范、污染物排放标准等对监测点位的确定和排污口规范化设置有要求时，可按照地方规范、标准从严执行。

5.1.2　相关依据

排污单位的排污口主要包括废水排放口和废气排放口。

目前，国家有关废水监测点位确定及排污口规范化设置的标准规范主要包括

《污水监测技术规范》（HJ/T 91.1—2019）、《水污染物排放总量监测技术规范》（HJ/T 92—2002）、《固定污染源监测质量保证与质量控制技术规范（试行）》（HJ/T 373—2007）等。

废气监测点位确定及规范化设置的标准规范主要包括《固定污染源排气中颗粒物测定与气态污染物采样方法》（GB/T 16157—1996）、《固定源废气监测技术规范》（HJ/T 397—2007）、《固定污染源监测质量保证与质量控制技术规范（试行）》（HJ/T 373—2007）、《固定污染源烟气（SO_2、NO_x、颗粒物）排放连续监测技术规范》（HJ 75—2017）、《固定污染源烟气（SO_2、NO_x、颗粒物）排放连续监测系统技术要求及检测方法》（HJ 76—2017）等。

对于各类污染物排放口监测点位标志牌的规范化设置，主要依据国家环境保护总局于 2003 年 10 月 15 日发布的《关于印发排放口标志牌技术规格的通知》（环办〔2003〕95 号），以及《环境保护图形标志——排放口（源）》（GB 15562.1—1995）等执行。

此外，国家环境保护局于 1996 年 5 月 20 日发布的《排污口规范化整治技术要求（试行）》（环监〔1996〕470 号）对排污口规范化整治技术提出了总体要求，部分省、自治区、直辖市、地级市也对本辖区排污口的规范化管理发布了技术规定、标准；各行业污染物排放标准以及各重点行业的排污单位自行监测的相关技术指南则对废水、废气排放口监测点位进行了进一步明确。

5.2 废水监测点位的确定及排污口规范化设置

5.2.1 废水排放口的类型及监测点位确定

排污单位的废水排放口一般包括排污单位废水总排放口、排污单位车间废水排放口、雨水排放口、生活污水排放口等。

废水总排放口排放的废水一般应包括排污单位的生产废水、生活污水、初期雨水、事故废水等，开展自行监测的排污单位均须在废水总排放口设置监测点位。

考虑到排污单位生产过程中可能会有部分污染物通过雨排系统排入外环境，因此排污单位还应在雨水排放口设置监测点位，并在雨水排放口排放期间开展监测。

部分排污单位的生产废水和生活污水分别设置了排放口，对于此类排污单位，除在生产废水排放口设置监测点位外，还应在生活污水排放口设置监测点位。

此外，排污单位还应根据各行业自行监测技术指南的相关要求设置监测点位。

5.2.2　废水排放口的规范化设置

废水排放口的设置，应满足以下要求：

①废水排放口可以是矩形、圆形或梯形，一般使用混凝土、钢板或钢管等原料。

②排放口应满足现场采样和流量测定要求，用暗管或暗渠排污的，应设置一段能满足采样条件和流量测量的明渠。测流段水流应平直、稳定、集中，无下游水流顶托影响，上游顺直长度应大于 5 倍测流段最大水面宽度，同时测流段水深应大于 0.1 m 且不超过 1 m。

③废水排放口应能够方便安装三角堰、矩形堰、测流槽等测流装置或其他计量装置。

④排污单位应单独设置各类废水排放口，避免多家不同排污单位共用一个废水排放口。

5.2.3　采样点及监测平台的规范化设置

各类废水排放口监测点位的实际具体采样位置（采样点）一般应设在厂界内或厂界外不超过 10 m 范围内。压力管道式排放口应安装取样阀门；废水直接从暗渠排入市政管道的，应在企业界内或排入市政管道前设置取样口。有条件的排污单位应尽量设置一段能满足采样条件的明渠，以方便采样。

污水面在地面以下或距地面超过 1 m 时，应配建取样台阶或梯架。

废水监测平台面积应不小于 1 m²，平台应设置不低于 1.2 m 的防护栏、高度不低于 10 cm 的脚部挡板。监测平台、梯架通道及防护栏的相关设计载荷与制造安装应符合《固定式钢梯及平台安全要求 第 3 部分：工业防护栏杆及钢平台》（GB 4053.3—2009）的要求。

应保证污水监测点位场所通风、照明正常，还应在有毒有害气体的监测场所设置强制通风系统，并安装相应的气体浓度报警装置。

5.3 废气监测点位的确定及规范化设置

5.3.1 废气排放口类型及监测点位的确定

排污单位的废气排放口一般包括生产设施工艺废气排放口、配套动力锅炉废气排放口等。

排气筒（烟道）是目前排污单位废气有组织排放的主要排放口，因此，有组织废气的监测点位通常设置在排气筒（烟道）的横截断面（监测断面）上，并通过监测断面上的监测孔完成废气污染物的采样监测及流速、流量等废气参数的测量。

废气排放口监测点位的确定包括监测断面的设置及监测孔的设置两个部分。排污单位应按照相关技术规范、标准的规定，根据所监测的污染物类别、监测技术手段的不同要求，先确定具体的废气排放口监测断面位置，再确定监测断面上监测孔的位置、数量。

5.3.2 监测断面规范化设置

5.3.2.1 基本要求

废气排放口监测断面包括手工监测断面和自动监测断面，监测断面设置应满足以下基本要求：

①监测断面应避开对测试人员操作有危险的场所，并在满足相关监测技术规

范、标准规定的前提下，尽量选择方便监测人员操作、设备运输、安装的位置进行设置。

②若一个固定污染源排放的废气先通过多个烟道或管道后进入该固定污染源的总排气管时，应尽可能将废气监测断面设置在总排气管上，不得只在其中的一个烟道或管道上设置监测断面开展监测并将测定值作为该源的排放结果；但允许在每个烟道或管道上均设置监测断面同步开展废气污染物排放监测。

③监测断面一般优先选择设置在烟道垂直管段和负压区域，应避开烟道弯头和断面急剧变化的部位，确保所采集样品的代表性。

5.3.2.2　手工监测断面设置的具体要求

对于废气手工监测断面，在满足 5.3.2.1 节中基本要求的同时，还应按照以下具体规定进行设置：

（1）颗粒态污染物及流速、流量监测断面

①监测断面的流速应不小于 5 m/s。

②监测断面位置应设置在距弯头、阀门、变径管下游方向不小于 6 倍直径（当量直径）和距上述部件上游方向不小于 3 倍直径（当量直径）处。

对矩形烟道，其当量直径按式（5-1）计算：

$$D = \frac{2AB}{A+B} \qquad (5\text{-}1)$$

式中，A、B——边长，m。

③现场空间位置有限，很难满足②中要求时，可选择比较适宜的管段采样。手工监测位置与弯头、阀门、变径管等的距离至少是烟道直径的 1.5 倍，并应适当增加测点的数量和采样频次。

（2）气态污染物监测断面

手工监测时若需要同步监测颗粒态污染物及流速、流量，则监测断面应按照 5.3.2.2 节（1）中相关要求设置；否则，可不按上述要求设置，但要避开涡流区。

5.3.2.3　自动监测断面设置的具体要求

对于废气自动监测断面，在满足 5.3.2.1 节中基本要求的同时，还应按照以下具体规定进行设置：

（1）一般要求

①位于固定污染源排放控制设备的下游和比对监测断面、比对采样监测孔的上游，且便于用参比方法进行校验。

②不受环境光线和电磁辐射的影响。

③烟道振动幅度尽可能小。

④安装位置应尽量避开烟气中水滴和水雾的干扰，如不能避开，应选用能够适用的检测探头及仪器。

⑤安装位置不漏风。

⑥固定污染源烟气净化设备设置有旁路烟道时，应在旁路烟道内安装自动监测设备采样和分析探头。

（2）颗粒态污染物及流速、流量监测断面

①监测断面的流速应不小于 5 m/s。

②用于颗粒物及流速自动监测设备采样和分析探头安装的监测断面位置，应设置在距弯头、阀门、变径管下游方向不小于 4 倍烟道直径，以及距上述部件上游方向不小于 2 倍烟道直径处。矩形烟道当量直径可按照 5.3.2.2 节（1）中式（5-1）计算。

③无法满足②中要求时，颗粒物及流速自动监测设备采样和分析探头的安装位置尽可能选择在气流稳定的断面，并采取相应措施保证监测断面烟气分布相对均匀，断面无紊流。对烟气分布均匀程度的判定采用相对均方根 σ_r 法，当 $\sigma_r \leqslant 0.15$ 时视为烟气分布均匀，σ_r 按式（5-2）计算：

$$\sigma_r = \sqrt{\frac{\sum\limits_{i=1}^{n}(v_i - \bar{v})^2}{(n-1) \times \bar{v}^2}} \qquad (5\text{-}2)$$

式中，v_i——测点烟气流速，m/s；

$\bar{v}$——截面烟气平均流速，m/s；

n——截面上的速度测点数目，测点的选择按照 GB/T 16157 执行。

（3）气态污染物监测断面

①气态污染物自动监测设备采样和分析探头的安装位置，应设置在距弯头、阀门、变径管下游方向不小于 2 倍烟道直径，以及距上述部件上游方向不小于 0.5 倍烟道直径处。矩形烟道当量直径可按照 5.3.2.2 节（1）中式（5-1）计算。

②无法满足①中要求时，应按照 5.3.2.3 节（2）③中的相关要求及式（5-2）计算，设置监测断面。

③同步进行颗粒态污染物及流速、流量监测的，应优先满足颗粒态污染物及流速、流量监测断面的设置条件，监测断面的流速应不小于 5 m/s。

5.3.3　监测孔的规范化设置

5.3.3.1　监测孔规范化设置的基本要求

监测孔一般包括用于废气污染物排放监测的手工监测孔、用于废气自动监测设备校验的参比方法采样监测孔。

监测孔的设置应满足以下基本要求：

①监测孔位置应便于人员开展监测工作，应设置在规则的圆形或矩形烟道上，不宜设置在烟道的顶层。

②对于输送高温或有毒有害气体的烟道，监测孔应开在烟道的负压段；若负压段满足不了开孔需求，对正压下输送高温和有毒气体的烟道应安装带有闸板阀的密封监测孔。

③监测孔的内径一般不小于 80 mm，新建或改建污染源废气排放口监测孔的内径应不小于 90 mm；监测孔管长不大于 50 mm（安装闸板阀的监测孔管除外）。监测孔在不使用时用盖板或管帽封闭，在监测使用时应易开合，见图 5-1。

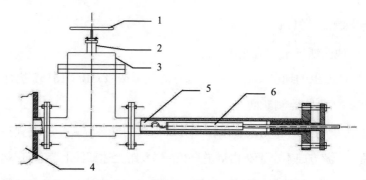

1—闸板阀手轮；2—闸板阀阀杆；3—闸板阀阀体；4—烟道；5—监测孔管；6—采样枪。

图 5-1　带有闸板阀的密封监测孔

5.3.3.2　手工监测开孔的具体要求

在确定的监测断面上设置手工监测的监测孔时，应在满足 5.3.3.1 节中基本要求的同时，按照以下具体规定设置：

①若监测断面为圆形的烟道，监测孔应设在包括各测点在内的互相垂直的直径线上，其中，断面直径小于 3 m 时，应设置相互垂直的 2 个监测孔；断面直径大于 3 m 时，应尽量设置相互垂直的 4 个监测孔，见图 5-2。

②若监测断面为矩形烟道，监测孔应设在包括各测点在内的延长线上，其中，监测断面宽度大于 3 m 时，应尽量在烟道两侧对开监测孔，具体监测孔数量按照 GB/T 16157 的要求确定，见图 5-3。

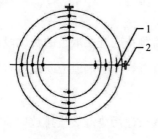

1—测点；2—监测孔。

图 5-2　圆形断面测点与监测孔示意

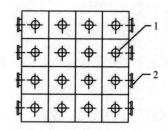

1—测点；2—监测孔。

图 5-3　矩形断面测点与监测孔示意

5.3.3.3 自动监测设备参比方法采样监测开孔的具体要求

废气自动监测设备参比方法采样监测孔的设置，在满足 5.3.3.1 节中基本要求的同时，还应按照以下具体规定设置：

①应在自动监测断面下游预留参比方法采样监测孔，在互不影响测量的前提下，参比方法采样监测孔应尽可能靠近废气自动监测断面，距离以约 0.5 m 为宜。

②对于监测断面为圆形的烟道，参比方法采样监测孔应设在包括各测点在内的互相垂直的直径线上，其中，断面直径小于 4 m 时，应设置相互垂直的 2 个监测孔；断面直径大于 4 m 时，应尽量设置相互垂直的 4 个监测孔。

③若监测断面为矩形烟道，参比方法采样监测孔应设在包括各测点在内的延长线上，监测断面宽度大于 4 m 时，应尽量在烟道两侧对开监测孔，具体监测孔数量按照 GB/T 16157 的要求确定。

5.3.4 监测平台的规范化设置

监测平台应设置在监测孔的正下方 1.2～1.3 m 处，应安全、便于开展监测活动，必要时应设置多层平台以满足与监测孔距离的要求。

仅用于手工监测的平台可操作面积至少应大于 1.5 m² （长度、宽度均不小于1.2 m），最好应在 2 m² 以上。用于安装废气自动监测设备和进行参比方法采样监测的平台面积至少在 4 m² （长度、宽度均不小于 2 m），或不小于采样枪长度外延 1 m。

监测平台应易于人员和监测仪器到达。应根据平台高度，按照《固定式钢梯及平台安全要求 第 1 部分：钢直梯》（GB 4053.1—2009）、《固定式钢梯及平台安全要求 第 2 部分：钢斜梯》（GB 4053.2—2009）的要求，设置直梯或斜梯。当监测平台距离地面或其他坠落面距离超过 2 m 时，不应设置直梯，应有通往平台的斜梯、旋梯或通过升降梯、电梯到达，斜梯、旋梯宽度应不小于 0.9 m，梯子倾角不超过 45°，其他具体指标详见 GB 4053.1—2009 和 GB 4053.2—2009。监测平台距离地面或其他坠落面距离超过 20 m 时，应有通往平台的升降梯，固定式钢斜梯具体见图 5-4。

监测平台、通道的防护栏杆的高度应不低于 1.2 m，踢脚板不低于 10 cm。监测平台、通道、防护栏的设计载荷、制造安装、材料、结构及防护要求应符合 GB 4053.3 的要求，见图 5-5。

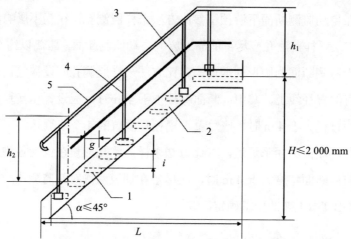

1—踏板；2—梯梁；3—中间栏杆；4—立柱；5—扶手；H—梯高；L—梯跨；
h_1—栏杆高；h_2—扶手高；α—梯子倾角；i—踏步高；g—踏步宽。

图 5-4　固定式钢斜梯

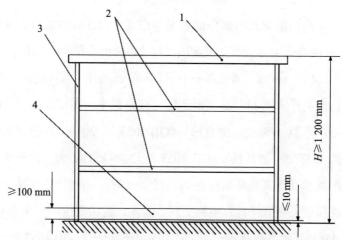

1—扶手（顶部栏杆）；2—中间栏杆；3—立柱；4—踢脚板；H—栏杆高度。

图 5-5　防护栏杆

监测平台应设置一个防水低压配电箱，内设漏电保护器、不少于 2 个 16 A 插座及 2 个 10 A 插座，保证监测设备所需电力。

监测平台附近有造成人体机械伤害、灼烫、腐蚀、触电等危险源的，应在平台相应位置设置防护装置。监测平台上方有坠落物体隐患时，应在监测平台上方高处设置防护装置。防护装置的设计与制造应符合《机械安全　防护装置　固定式和活动式防护装置的设计与制造一般要求》（GB/T 8196—2018）的要求。

排放剧毒、致癌物及对人体有严重危害物质的监测点位应储备相应安全防护装备。

5.3.5　废气自动监测设施的规范化设置

5.3.5.1　监测站房的设置

废气自动监测站房的设置应满足如下要求：

①应为室外的 CEMS 提供独立站房，监测站房与采样点之间距离应尽可能近，原则上不超过 70 m。

②监测站房的地面使用荷载≥20 kN/m^2。若站房内仅放置单台机柜，面积应≥2.5 m×2.5 m。若同一站房放置多套分析仪表的，每增加一台机柜，站房面积应至少增加 3 m^2，以便于开展运维操作。站房空间高度应≥2.8 m，站房建在标高≥0 m 处。

③监测站房内应安装空调和采暖设备，室内温度应保持在 15～30℃，相对湿度应≤60%，空调应具有来电自动重启功能，站房内应安装排风扇或其他通风设施。

④监测站房内配电功率能够满足仪表实际要求，功率不少于 8 kW，至少预留三孔插座 5 个、稳压电源 1 个、UPS 电源 1 个。

⑤监测站房内应配备不同浓度的有证标准气体，且在有效期内。标准气体应当包含零气（含二氧化硫、氮氧化物浓度均≤0.1 μmol/mol 的标准气体，一般为高纯氮气，纯度≥99.999%，含有其他气体的浓度不得干扰仪器的读数）和 CEMS

测量的各种气体（SO_2、NO_x、O_2）的量程标气，以满足日常零点、量程校准、校验的需要。低浓度标准气体可由高浓度标准气体通过经校准合格的等比例稀释设备获得（精密度≤1%），也可单独配备。

⑥监测站房应有必要的防水、防潮、隔热、保温措施，在特定场合还应具备防爆功能。

⑦监测站房应具有能够满足废气自动监测系统数据传输要求的通信条件。

5.3.5.2　自动监测设备的安装施工要求

①废气自动监测系统安装施工应符合《自动化仪表工程施工及质量验收规范》（GB 50093—2013）、《电气装置安装工程电缆线路施工及验收标准》（GB 50168—2018）的规定。

②施工单位应熟悉废气自动监测系统的原理、结构、性能，应编制施工方案、施工技术流程图、设备技术文件、设计图样、监测设备及配件货物清单交接明细表、施工安全细则等有关文件。

③设备技术文件应包括资料清单、产品合格证、机械结构、电气、仪表安装的技术说明书、装箱清单、配套件、外购件检验合格证和使用说明书等。

④设计图样应符合技术制图、机械制图、电气制图、建筑结构制图等标准的规定。

⑤设备安装前的清理、检查及保养应符合以下要求：

a)按交货清单和安装图样明细表清点检查设备及零部件,缺损件应及时处理,更换补齐；

b）运转部件如取样泵、压缩机、监测仪器等，滑动部位均须清洗、注油润滑防护；

c）因运输造成变形的仪器、设备的结构件应校正，并重新涂刷防锈漆及表面油漆，保养完毕后应恢复原标记。

⑥现场端连接材料（垫片、螺母、螺栓、短管、法兰等）为焊件组对成焊时，

壁（板）的错边量应符合以下要求：

a）管子或管件对口、内壁齐平，最大错边量≤1 mm；

b）采样孔的法兰与连接法兰几何尺寸极限偏差不超过±5 mm，法兰端面的垂直度极限偏差≤0.2%；

c）采用透射法原理颗粒物监测仪器发射单元和颗粒物监测仪反射单元，测量光束从发射孔的中心出射到对面中心线相叠合的极限偏差≤0.2%。

⑦从探头到分析仪的整条采样管线的铺设应采用桥架或穿管等方式，保证整条管线具有良好的支撑。管线倾斜度≥5º，防止管线内积水，在每隔 4～5 m 处装线卡箍。当使用伴热管线时应具备稳定、均匀加热和保温的功能；其设置加热温度≥120℃，且应高于烟气露点温度 10℃以上，其实际温度值应能够在机柜或系统软件中显示查询。

⑧电缆桥架安装应满足最大直径电缆的最小弯曲半径要求。电缆桥架的连接应采用连接片。配电套管应采用钢管和 PVC 管材质配线管，其弯曲半径应满足最小弯曲半径要求。

⑨应将动力与信号电缆分开敷设，保证电缆通路及电缆保护管的密封，自控电缆应符合输入和输出分开、数字信号和模拟信号分开配线和敷设的要求。

⑩安装精度和连接部件坐标尺寸应符合技术文件和图样规定。监测站房仪器应排列整齐，监测仪器顶平直度和平面度应不大于 5 mm，监测仪器牢固固定，可靠接地。二次接线正确、牢固可靠，配导线的端部应标明回路编号。配线工艺整齐，绑扎牢固，绝缘性好。

⑪各连接管路、法兰、阀门封口垫圈应牢固完整，均不得有漏气、漏水现象。保持所有管路畅通，保证气路阀门、排水系统安装后应畅通和启闭灵活。自动监测系统空载运行 24 小时后，管路不得出现脱落、渗漏、振动强烈的现象。

⑫反吹气应为干燥清洁气体，反吹系统应进行耐压强度试验，试验压力为常用工作压力的 1.5 倍。

⑬电气控制和电气负载设备的外壳防护应符合《外壳防护等级（IP 代码）》

（GB/T 4208—2017）的技术要求，户内达到防护等级 IP24 级，户外达到防护等级 IP54 级。

⑭防雷、绝缘要求：

a）系统仪器设备的工作电源应有良好的接地措施，接地电缆应采用大于 4 mm² 的独芯护套电缆，接地电阻小于 4 Ω，且不能和避雷接地线共用。

b）平台、监测站房、交流电源设备、机柜、仪表和设备金属外壳、管缆屏蔽层和套管的防雷接地，可利用厂内区域保护接地网，采用多点接地方式。厂区内不能提供接地线或提供的接地线达不到要求的，应在子站附近重做接地装置。

c）监测站房的防雷系统应符合《建筑物防雷设计规范》（GB 50057—2010）的规定，电源线和信号线设防雷装置。

d）电源线、信号线与避雷线的平行净距离≥1 m，交叉净距离≥0.3 m，见图 5-6。

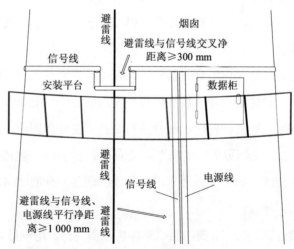

图 5-6　电源线、信号线与避雷线距离示意

e）由烟囱或主烟道上数据柜引出的数据信号线要经过避雷器引入监测站房，应将避雷器接地端同站房保护地线可靠连接。

f）信号线为屏蔽电缆线，屏蔽层应有良好绝缘，不可与机架、柜体发生摩擦、打火，屏蔽层两端及中间均须做接地连接，见图 5-7。

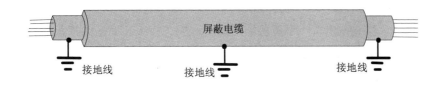

图 5-7　信号线接地示意

5.4　排污口标志牌的规范化设置

5.4.1　标志牌设置的基本要求

排污单位应在排污口及监测点位设置标志牌，标志牌分为提示性标志牌和警告性标志牌两种。提示性标志牌用于向人们提供某种环境信息，警告性标志牌则用于提醒人们注意污染物排放可能会造成危害。

一般性污染物排放口及监测点位应设置提示性标志牌。排放剧毒、致癌物及对人体有严重危害物质的排放口及监测点位应设置警告性标志牌，警告标志图案应设置于警告性标志牌的下方。

标志牌应设置在距污染物排放口及监测点位较近且醒目处，并能长久保留。

排污单位可根据监测点位情况，设置立式或平面固定式标志牌。

5.4.2　标志牌技术规格

5.4.2.1　环保图形标志

（1）环保图形标志必须符合原国家环境保护局和原国家技术监督局发布的《环境保护图形标志——排放口（源）》（GB 15562.1—1995）中的要求。

（2）图形颜色及装置颜色

①提示标志：底和立柱为绿色，图案、边框、支架和文字为白色；

②警告标志：底和立柱为黄色，图案、边框、支架和文字为黑色。

（3）辅助标志内容

①排放口标志名称；

②单位名称；

③排放口编号；

④污染物种类；

⑤××生态环境局监制；

⑥排放口经纬度坐标、排放去向、执行的污染物排放标准、标志牌设置依据的技术标准等。

（4）辅助标志字型为黑体字

（5）标志牌尺寸

①平面固定式标志牌外形尺寸：提示标志牌为 480 mm×300 mm；警告标志牌边长为 420 mm；

②立式固定式标志牌外形尺寸：提示标志牌为 420 mm×420 mm；警告标志牌边长为 560 mm；高度为标志牌最上端距地面 2 m。

5.4.2.2　其他要求

（1）标志牌材料

①标志牌采用 1.5～2 mm 冷轧钢板；

②立柱采用 38×4 无缝钢管；

③表面采用搪瓷或者反光贴膜。

（2）标志牌的表面处理

①搪瓷处理或贴膜处理；

②标志牌的端面及立柱要经过防腐处理。

（3）标志牌的外观质量要求

①标志牌、立柱无明显变形；

②标志牌表面无气泡，膜或搪瓷无脱落；

③图案清晰，色泽一致，不得有明显缺损；

④标志牌的表面不应有开裂、脱落及其他破损。

5.5　排污口规范化的日常管理与档案记录

排污单位应将排污口规范化建设纳入企业生产运行的管理体系中，制定相应的管理办法和规章制度，选派专职人员对排污口及监测点位进行日常管理和维护，并保存相关管理记录。

排污单位应建立排污口及监测点位档案。档案内容除包括排污口及监测点位的位置、编号、污染物种类、排放去向、排放规律、执行的排放标准等基本信息外，还应包括相关日常管理的记录，如标志牌的内容是否清晰完整，监测平台、各类梯架、监测孔、自动监测设施等是否能够正常使用，废水排放口是否损坏、排气筒有无漏风、破损现象等方面的检查记录，以及相应的维护、维修记录。

排污口及监测点位一经确认，排污单位不得随意变动。监测点位位置、排污口排放的污染物发生变化的，或排污口须拆除、增加、调整、改造或更新的，应按相关要求及时向生态环境主管部门报备，并及时设立新的标志牌或更换标志牌相应内容。

第6章 废水手工监测技术要点

废水手工监测是一个全面性、系统性的工作。为了规范手工监测活动的开展，我国发布了一系列监测技术规范和方法标准。总体来说，废水手工监测要按照相关的技术规范和方法标准开展。为了便于理解和应用，本章立足现有的技术规范和标准，结合日常工作经验，分别从流量监测、现场采样和监测指标测试 3 个方面归纳总结了常见的方法和操作要求，以及方法使用过程中的重点注意事项。对于一些虽然适用，但不够便捷，目前实际应用很少的方法，本书中未进行列举，若排污单位根据实际情况确实需要采用这类方法的，应严格按照方法的适用条件和要求开展相关监测活动。

6.1 流量

流量是排污单位排污总量核算的重要指标，在废水排放监测和管理中有着重要的地位。流量测量最初始于水文水利领域对天然河流、人工运河、引水渠道等的流量监测。对于工业废水的流量监测，目前常用的方法有自动测量和手工测量两种方式。

6.1.1 自动测量

自动测量是采用污水流量计进行测量，通常包括明渠流量计和管道流量计。

通过污水流量计来测量渠道内和管道内废水（或污水）的体积流量。

（1）明渠流量计

利用明渠流量计进行自动测量时，采用超声波液位计和巴歇尔量水槽（以下简称巴氏槽）配合使用进行流量测定，并根据不同尺寸巴氏槽的经验公式计算出流量。需要注意的事项如下：

①巴氏槽安装前，应测算废水排放量并充分考虑污水处理设施的远期扩容，确保巴氏槽能满足最大流量下的测量。巴氏槽的材质要根据污水性质考虑防腐蚀。

②巴氏槽应安装在顺直平坦的渠道段，该段渠道长度不小于槽宽的 10 倍，下游渠道应无阻塞、不壅水，确保巴氏槽的水流处于自由出流状态。渠道应保持清洁，底部无障碍物，水槽应保持牢固可靠、不受损坏，凡有漏水部位应及时修补，每年应校验 1 次液位计的精度和水头零点。详细的安装和维护要求见《城市排水流量堰槽测量标准　巴歇尔量水槽》（CJ/T 3008.3—1993）。

③与巴氏槽配合使用的超声波液位计应注意日常维护，确保稳定运行，出现故障应及时更换。

（2）管道流量计

利用管道流量计测量时，可选择电磁流量计或超声流量计，宜优先选择电磁流量计。需要注意的事项如下：

①电磁流量计的选型应充分考虑测量精度、污水性质、流量范围、排水规律等。流量计的口径通常与管道相同，也可以根据设计流量、流速范围来选择流量计和配套管道，管道中的流速通常以 2～4 m/s 为宜。

②电磁流量计选型时，应充分考虑废水的电导率、最大流量、常用流量、最小流量、工艺管径、管内温度、压力，以及是否有负压存在等信息。

③电磁流量计一定要安装在管路的最低点或者管路的垂直段且务必保证管内满流，若安装在垂直管线，要求水流自下而上，尽量不要自上而下，否则容易出现非满流，使读数波动变化较大。流量计前后应避免有阀门、弯头、三通等结构存在，以防产生涡流或气泡，影响测流。

④电磁流量计安装的外部环境

应避免安装在温度变化很大或受到设备高温辐射的场所，若必须安装时，须有隔热、通风的措施；电磁流量计最好安装在室内，若必须安装于室外，应避免雨水淋浇、积水受淹及太阳暴晒，须有防潮和防晒的措施；避免安装在含有腐蚀性气体的环境中，必须安装时，须有通风的措施；为了安装、维护、保养方便，在电磁流量计周围需有充裕的空间；避免有磁场及强振动源，如管道振动大，在电磁流量计两边应有固定管道的支座。

⑤应对电磁流量计进行周期性检查，定期扫除尘垢确保无沾污，检查接线是否良好。

6.1.2 手工测量

手工测流方法是相对于自动测流方法而言的，这种方法操作复杂、准确度较低，仅建议在不满足自动测流条件或自动测流设施损坏时作为临时补救措施，不建议用作长期自行监测手段。常用的测流方法有明渠流速仪、便携式超声波管道测流仪和容积法。

（1）明渠流速仪

明渠流速仪适用于明渠排水流量的测量，它是通过流速仪测量过水断面不同位置的流速，计算平均流速，再乘以断面面积，即得到测量时刻的瞬时流量，见图 6-1。

用这种方法测量流量时，排污截面底部需硬质平滑，截面形状为规则的几何形，排污口处有不小于 3 m 的平直过流水段，且水位高度不小于 0.1 m。在明渠流量计自动测量断电或损坏时，可用此方法临时测量排水流量。

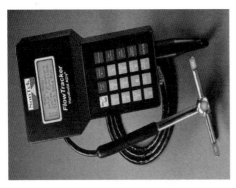
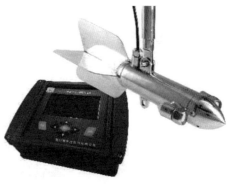

（a）便携式超声波流速仪

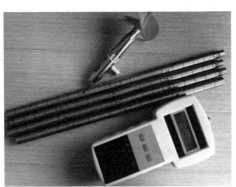

（b）便携式旋桨流速仪

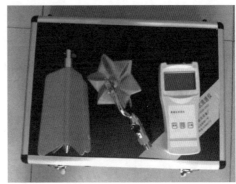

（c）便携式旋杯流速仪

图 6-1 明渠流速仪

（2）便携式超声波管道测流仪

便携式超声波管道测流仪的使用条件与电磁式自动测流仪一致，适用于顺直管道的满流测量，见图 6-2。测量时，沿着管道的流向，将 2 个传感器分别贴合于管道，错开一定距离，通过 2 个传感器的时差测量流速，再乘以管道截面积，最终得出流量。测量的管壁应为能传导超声波的密实介质，如铸铁、碳钢、不锈钢、玻璃钢、PVC 等。测点应避开弯头、阀门等，确保流态稳定，无气泡和涡流。测点应避开大功率变频器和强磁场设备，以免产生干扰。在电磁流量计断电或损坏时，可用此方法临时测量排水流量。

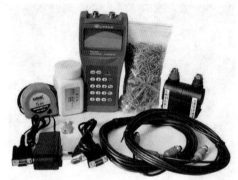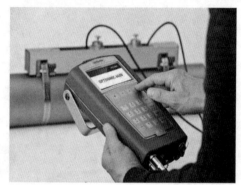

图 6-2　便携式超声波管道测流仪

（3）容积法

容积法是将废水纳入已知容量的容器中，测定其充满容器所需要的时间，从而计算水量的方法。该方法简单易行，适用于计量污水量较小的连续或间歇排放的污水。用此方法测量流量时，溢流口与受纳水体应有适当的落差或能用导水管形成落差。

用手工测量时，一般遵循以下原则：

①如果排放污水的"流量-时间"排放曲线波动较小，即用瞬时流量代表平均流量所引起的误差小于 10%，则在某一时段内的任意时间测得的瞬时流量乘以该时间即为该时段的流量。

②如果排放污水的"流量-时间"排放曲线虽有明显波动，但其波动有固定的规律，可以用该时段中几个等时间间隔的瞬时流量来计算出平均流量，然后再乘以时间得到流量。

③如果排放污水的"流量-时间"排放曲线既有明显波动又无规律可循，则必须连续测定流量，流量对时间的积分即为总量。

6.2　现场采样

采样前要根据采样任务确定监测点位、各监测点位的监测指标、各监测指标需要使用的采样容器、采样要求和保存运输要求等。

6.2.1　采样点位

《排污单位自行监测技术指南　砖瓦工业》对监测点位的监测指标进行了明确规定，流量、pH、化学需氧量、悬浮物、五日生化需氧量、氨氮、总磷等监测指标在废水总排放口进行采样。

如果排污单位设置内部监测点位时，根据实际情况在便于采样的地方进行布点采样。

如果排污单位需要考核污水处理设施处理效率时，采样点位的布设要求如下：

①对整体污水处理设施效率监测时，在各种进入污水处理设施污水的入口和污水设施的总排放口设置采样点。

②对各污水处理单元效率监测时，在各种进入处理设施单元污水的入口和设施单元的排放口设置采样点。

6.2.2　采样方法

废水的监测项目根据行业类型有不同的要求，排污单位根据本行业自行监测技术指南要求设置。采集样品时应在废水混合均匀处，避免引入其他干扰。

在分时间单元采集样品时，测定 pH、化学需氧量、五日生化需氧量和悬浮物，不能混合，只能单独采样。

根据监测项目选择不同的采样器，主要包括不锈钢采水器、有机玻璃水质采样器及用采样容器直接采样。有需求和条件的排污单位可配备水质自动采样装置进行时间比例采样和流量比例采样。当污水排放量较稳定时可采用时间比例采样，否则必须采用流量比例采样。所用自动采样器必须符合生态环境部颁布的污水采样器技术要求。不同的采样器见图 6-3。

不锈钢采水器　　　　　　　　　　　有机玻璃水质采样器

图 6-3　不同的采样器

样品采集时应针对具体的监测项目注意以下事项：

①采样时应去除表面的杂物、垃圾等漂浮物，不可搅动水底的沉积物。

②采样前先用水样荡涤采样容器和样品容器 2～3 次（动植物油类、石油类、挥发性有机物、微生物不可荡涤）。

③部分监测项目在不同时间采集的水样不能混合，如水温、pH、生化需氧量等。

④部分监测项目须单独采集储存，如动植物油类、石油类、硫化物、挥发酚、氰化物、余氯、微生物等。

⑤部分监测项目采集须注满容器，如生化需氧量等。

⑥采样结束后，应核对采样计划、记录与水样，如有错误或遗漏，应立即补采或重采。如采样现场水体很不均匀，无法采到有代表性的样品，则应详细记录不均匀的情况和实际采样情况，供使用该数据者参考。

⑦对于 pH 和流量需现场监测的项目，应进行现场监测。

⑧采样时应认真填写《污水采样记录表》，表中应有以下内容：企业名称、行业名称、监测项目、样品编号、采样时间、采样口位置、样品类别、样品表观、采样口流量、采样人姓名及其他有关事项。具体格式可由各排污单位制定，可参考表 6-1。

表 6-1　污水采样记录

企业名称	行业名称	监测项目	样品编号	采样时间	采样口	采样口位置（车间或出厂口）	样品类别	样品表观	采样口流量/（m³/s）	采样人

6.2.3　采样容器

当前市面上常见的采样容器按材质主要分为硬质玻璃瓶和聚乙烯瓶，在表 6-2 中分别用 G、P 表示，硬质玻璃瓶有透明和棕色两种。硬质玻璃瓶适用于化学需氧量、氨氮、总磷等监测项目的样品采集。五日生化需氧量采集时应用专门的溶氧瓶采集。关于采样容器选择分析方法中已有要求的按照分析方法来处理，没有明确要求的可按表 6-2 执行。

表 6-2　样品保存和容器洗涤

项目	采样容器	保存剂及用量	保存期	采样量/mL	容器洗涤
pH*	G、P	—	12 h	250	I
悬浮物**	G、P	—	14 d	500	I
化学需氧量**	G	加 H_2SO_4，pH≤2	2 d	500	I
	P	−20℃冷冻	30 d	100	
五日生化需氧量**	溶解氧瓶	—	12 h	250	I
	P	−20℃冷冻	30 d	1 000	
总磷	G、P	加 H_2SO_4，pH≤1	24 h	250	II
氨氮	G、P	加 H_2SO_4，pH≤2	24 h	250	I

注：1. *表示应尽量做现场测定，**表示低温（0～4℃）避光保存。

2. G 为硬质玻璃瓶，P 为聚乙烯瓶。

3. I、II表示两种洗涤方法，如下：

I：洗涤剂洗 1 次，自来水洗 3 次；

II：铬酸洗液洗 1 次，自来水洗 3 次。

　　在采样之前，采样容器应经过相应的清洗和处理，采样之后要对其进行适当的封存。排污单位可根据监测项目自行选择采样容器并按照合适的方法进行清洗和处理。常用的采样容器见图 6-4。

　　采样容器选择时一般遵守以下原则：

　　①最大限度地防止容器及瓶塞对样品的污染。由于一般的玻璃瓶在贮存水样时可溶出钠、钙、镁、硅、硼等元素，在测定这些项目时应避免使用玻璃容器，以防止新的污染。一些有色瓶塞也会含有大量的重金属，因此采集金属项目时最好选用聚乙烯瓶。

图 6-4　采样容器（透明硬质玻璃瓶、棕色硬质玻璃瓶和聚乙烯瓶）

　　②容器壁应易于清洗和处理，以减少如重金属对容器的表面污染。

　　③容器或容器塞的化学和生物性质应该是惰性的，以防止容器与样品组分发生反应。

④防止容器吸收或吸附待测组分，引起待测组分浓度的变化。微量金属易受这些因素的影响。

⑤选用深色玻璃能降低光敏作用。

采样容器准备时，应遵循以下原则：

①所有的采样容器准备都应确保不发生正负干扰。

②尽可能使用专用容器。如不能使用专用容器，那么最好准备一套容器进行特定污染物的测定，以减少交叉污染。同时，应注意防止以前采集高浓度分析物的容器因洗涤不彻底，污染随后采集的低浓度污染物的样品。

③对于新容器，一般应先用洗涤剂清洗，再用纯水彻底清洗。但是，用于清洁的清洁剂和溶剂可能引起干扰，所用的洗涤剂类型和选用的容器材质要随待测组分来确定。例如，测总磷的容器不能使用含磷洗涤剂；测重金属的玻璃容器及聚乙烯容器通常用盐酸或硝酸(c =1 mol/L)洗净并浸泡 1～2 天后用蒸馏水或去离子水冲洗。

采样容器清洗时，应注意：

①用清洁剂清洗塑料或玻璃容器：用水和清洗剂的混合稀释溶液清洗容器和容器帽；用实验室用水清洗 2 次；控干水并盖好容器帽。

②用溶剂洗涤玻璃容器：用水和清洗剂的混合稀释溶液清洗容器和容器帽；用自来水彻底清洗；用实验室用水清洗 2 次；用丙酮清洗并干燥；用与分析方法匹配的溶剂清洗，并立即盖好容器帽。

③用酸洗玻璃或塑料容器：用自来水和清洗剂的混合稀释溶液清洗容器和容器帽；用自来水彻底清洗；用 10%硝酸溶液清洗；控干后，注满 10%硝酸溶液；密封贮存至少 24 小时；用实验室用水清洗，并立即盖好容器帽。

6.2.4　样品保存与运输

6.2.4.1　样品保存

水样采集后应尽快送到实验室进行分析，样品如果长时间放置，易受生物、化学、物理等因素影响，某些组分的浓度可能会发生变化。一般可通过冷藏、冷冻、添加保存剂等方式对样品进行保存。

（1）样品的冷藏、冷冻

在大多数情况下，从采集样品到运输最后到实验室期间，样品在 1～5℃冷藏并暗处保存就足够了，−20℃的冷冻温度一般能延长贮存期，但冷冻需要掌握冷冻和融化技术，以使样品在融化时能迅速地、均匀地恢复其原始状态，用干冰快速冷冻是令人满意的方法。一般选用聚氯乙烯或聚乙烯等塑料容器。

（2）添加保存剂

添加的保存剂一般包括酸、碱、抑制剂、氧化剂和还原剂，样品保存剂如酸、碱或其他试剂在采样前应进行空白试验，其纯度和等级必须达到分析的要求。

加入酸和碱：控制溶液 pH，pH 在 1～2 的酸性介质中能抑制生物的活动。用此方法保存，化学需氧量在置于 4℃下保存时间不超过 5 天。氨氮在 2～5℃下可保存 7 天。

加入一些化学试剂可固定水样中的某些待测组分，保存剂可事先加入空瓶中，也可在采样后立即加入水样中。所加入的保存剂不能干扰待测成分的测定，如有疑义应先做必要的试验。

当加入保存剂的样品经过稀释后，在分析计算结果时要充分考虑。但如果加入足够浓的保存剂，若加入体积很小，可以忽略其稀释影响。固体保存剂因为会引起局部过热，反而影响样品，所以应该避免使用。

所加入的保存剂有可能改变水中组分的化学或物理性质，因此选用保存剂时一定要考虑到对测定项目的影响。如待测项目是溶解态物质，酸化会引起胶体组分和固体的溶解，则必须在过滤后酸化保存。

必须要做保存剂空白试验，特别是对微量元素的检测。要充分考虑加入保存剂所引起待测元素数量的变化。例如，酸类会增加砷、铅、汞的含量。因此，样品中加入保存剂后，应保留做空白试验。

针对技术指南中涉及的不同的监测项目应选用的容器材质、保存剂及其加入量、保存期、采样体积和容器洗涤的方法见表 6-2。

6.2.4.2　样品运输

水样采集后必须立即送回实验室。若采样地点与实验室距离较远，应根据采样点的地理位置和每个项目分析前最长可保存时间，选用适当的运输方式，在现场工作开始之前，就要安排好水样的运输工作，以防延误。

水样运输前应将容器的外（内）盖盖紧。装箱时应使用泡沫塑料等分隔，以防破损。同一采样点的样品应装在同一包装箱内，如需分装在 2 个或几个箱中时，则需在每个箱内放入相同的现场采样记录表。运输前应检查现场记录上的所有水样是否全部装箱。要用醒目的色彩在包装箱顶部和侧面标上"切勿倒置"的标记。每个水样瓶均需贴上标签，内容包括采样点位编号、采样日期和时间、测定项目。

装有水样的容器必须加以妥善保存和密封，并装在包装箱内固定，以防在运输途中破损。除防振、避免日光照射和低温运输外，还要防止新的污染物进入容器或沾污瓶口使水样变质。

在水样运输过程中，应有押运人员，每个水样都要附有一张样品交接单。在转交水样时，转交人和接收人都必须清点和检查水样并在样品交接单上签字，注明日期和时间。样品交接单是水样在运输过程中的文件，应防止差错并妥善保管以备查。

6.2.5　留样

有污染物排放异常等特殊情况要留样分析时，应针对具体项目的分析用量同时采集留样样品，并填写留样记录表，表中应涵盖以下内容：污染源名称、监测项目、采样点位、采样时间、样品编号、污水性质、污水流量、采样人姓名、留样时间、留样人姓名、固定剂添加情况、保存时间、保存条件及其他有关事项。

6.3 监测指标测试

6.3.1 测试方法概述

砖瓦工业排污单位自行监测项目包括理化指标（如 pH、悬浮物等）、有机污染综合指标（如化学需氧量、五日生化需氧量等）、营养盐（氨氮、总磷）等。这些监测项目所涉及的分析方法主要包括重量法、分光光度法、容量分析法等。

（1）重量法

重量法是将被测组分从试样中分离出来，经过精确称量来确定待测组分含量的分析方法。它是分析方法中最直接的测定方法，可以直接称量得到分析结果，不需标准试样或基准物质进行比较，具有精确度高等特点。图 6-5 为重量法所用的分析天平。

（2）分光光度法

分光光度法测定样品的基本原理是利用朗伯-比尔定律，根据不同浓度样品溶液对光信号具有不同的吸光度，对待测组分进行定量测定。分光光度法是环境监测中常用的方法，具有灵敏度高、准确度高、适用范围广、操作简便和快速及价格低廉等特点。图 6-6 为分光光度法所用的分光光度计。

图 6-5　分析天平

图 6-6　分光光度计

（3）容量分析法

容量分析法是将一种已知准确浓度的标准溶液滴加到被测物质的溶液中，直到所加的标准溶液与被测物质按化学计量定量反应为止，然后根据标准溶液的浓度和用量计算被测物质的含量。按反应的性质，容量分析法可分为酸碱滴定法、氧化还原滴定法、络合滴定法和沉淀滴定法。容量分析法具有操作简便、快速、比较准确和仪器普通易得等特点。图 6-7 为滴定时所使用的套件。

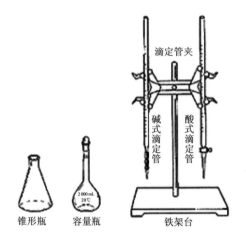

图 6-7　滴定套件

适合容量分析的化学反应应该具备以下几种条件：

①反应必须定量进行而且进行完全；

②反应速度要快；

③有比较简便可靠的方法确定理论终点（或滴定终点）；

④共存物质不干扰滴定反应，采用掩蔽剂等方法能予以消除。

6.3.2　指标测定

通过对砖瓦工业技术指南废水监测项目的梳理，除现场测量的流量在前面已有介绍外，本节将对其余的 6 项监测指标的常用监测分析方法和注意事项分别进行介绍，排污单位根据行业排放污染物的特征及单位实验室实际情况选择适合的监测方法开展自行监测。若有其他适用的方法，经过开展相关验证也可以使用。

6.3.2.1 pH

（1）常用方法

pH 是水中氢离子活度的负对数，$pH = -\ln a_{H^+}$。pH 是环境监测中常用和重要的检验项目之一，可间接表示水的酸碱程度，测量常用的分析方法有《水质 pH 值的测定 电极法》（HJ 1147—2020）和便携式 pH 计法［《水和废水监测分析方法》（第四版）］。

（2）注意事项

①最好能够现场测定，否则样品采集后，应保持在 0～4℃，并在 6 小时内进行测定。当 pH＞12 或 pH＜2 时，不宜使用便携式 pH 计方法，以免损伤电极。

②便携式 pH 计由不同的复合电极构成，其浸泡方式也有所不同，有些电极要用蒸馏水浸泡，有些则严禁用蒸馏水浸泡，应当严格遵守操作手册，以免损伤电极。

③玻璃电极在使用前先放入蒸馏水中浸泡 24 小时以上。用完后冲洗干净，浸泡在纯水中。

④测定 pH 时，玻璃电极的球泡应全部浸入溶液中，并使其稍高于甘汞电极的陶瓷芯端，以免搅拌时碰坏。

⑤必须注意玻璃电极的内电极与球泡之间、甘汞电极的内电极和陶瓷芯之间不得有气泡，以防短路。

⑥测定 pH 时，为减少空气和水样中二氧化碳的溶入或挥发，在测水样之前，不应提前打开水样瓶。

⑦玻璃电极表面受到污染时，需进行处理。如果附着无机盐结垢，可用温稀盐酸溶解；对钙、镁等难溶性结垢，可用 EDTA 二钠溶液溶解；沾有油污时，可由丙酮清洗。电极按上述方法处理后，应在蒸馏水中浸泡一昼夜再使用。注意忌用无水乙醇、脱水性洗涤剂处理电极。

6.3.2.2　悬浮物

（1）常用方法

水质中的悬浮物是指水样通过孔径为 0.45 μm 的滤膜，截留在滤膜上并于103～105℃烘干至恒重的物质。悬浮物的测定常用方法见《水质　悬浮物的测定　重量法》（GB 11901—89）。

（2）注意事项

①所用聚乙烯瓶或硬质玻璃瓶要用洗涤剂清洗，再依次用自来水和蒸馏水冲洗干净。采样前用即将采集的水样清洗 3 次。采集 500～1 000 mL 样品，盖严瓶塞。

②采样时漂浮或浸没的不均匀固体物质不属于悬浮物，应从水样中除去。

③样品应尽快分析，如需放置，应贮存在 4℃冷藏箱中，但最长不得超过 7 天。采样时不能加任何保存剂，以防破坏物质在固液间的分配平衡。

④滤膜上截留过多的悬浮物可能夹带过多的水分，除延长干燥时间外，还可能造成过滤困难，遇此情况，可酌情少取试样。

⑤滤膜上的悬浮物过少，则会增大称量误差，影响测定精度，必要时可增大试样体积，一般以 5～100 mg 悬浮物量作为量取试样体积的使用范围。

6.3.2.3　化学需氧量

（1）常用方法

化学需氧量（COD_{Cr}）是指在强酸并加热条件下，用重铬酸钾作为氧化剂处理水样时所消耗氧化剂的量。常用分析方法见《水质　化学需氧量的测定　重铬酸盐法》（HJ 828—2017）、《水质　化学需氧量的测定　快速消解分光光度法》（HJ/T 399—2007）。

（2）注意事项

①实验试剂硫酸汞有剧毒，实验人员应避免与其直接接触。样品前处理过程应在通风橱中进行。该方法的主要干扰物为氯化物，可加入硫酸汞溶液去除。经

回流后，氯离子可与硫酸汞结合成可溶性的氯汞配合物。硫酸汞溶液的用量可根据水样中氯离子的含量，按质量比 $m[\text{HgSO}_4]：m[\text{Cl}^-] \geqslant 20：1$ 的比例加入，最大加入量为 2 mL（按照氯离子最大允许浓度 1 000 mg/L 计）。水样中氯离子的含量可采用《水质　氯化物的测定　硝酸银滴定法》（GB 11896—89）或《水质　化学需氧量的测定　重铬酸盐法》（HJ 828—2017）附录 A 进行测定或粗略判定。

②采集的水样体积不得少于 100 mL，采集的水样应置于玻璃瓶中，并尽快分析。如不能立即分析，应加入硫酸使 pH<2，置于 4℃以下保存，保存时间不能超过 5 天。

③对于污染严重的水样，可选取所需体积的 1/10 的水样放入硬质玻璃管，加入 1/10 的试剂，摇匀后加热至沸腾数分钟，观察溶液是否变成蓝绿色。若呈蓝绿色，应再适当少取水样，直至溶液不变蓝绿色为止，从而可以确定待测水样的稀释倍数。

④消解时应使溶液缓慢沸腾，不宜暴沸。如出现暴沸，说明溶液中出现局部过热，会导致测定结果有误。暴沸的原因可能是加热过于激烈，或是防暴沸玻璃珠的效果不好。

6.3.2.4　五日生化需氧量

（1）常用方法

水体中所含的有机物成分复杂，难以一一测定其成分。人们常常利用水中有机物在一定条件下所消耗的氧来间接表示水体中有机物的含量，生化需氧量即属于这类的重要指标之一。常用分析方法见《水质　五日生化需氧量（BOD_5）的测定　稀释与接种法》（HJ 505—2009）。

（2）注意事项

①丙烯基硫脲属于有毒化合物，操作时应按规定要求佩戴防护器具，避免接触皮肤和衣物；标准溶液的配制应在通风橱内操作；检测后的残渣废液应做妥善安全的处理。

②采集的样品应充满并密封于棕色玻璃瓶中,样品量不小于 1 000 mL,在 0～4℃的暗处运输保存,并于 24 小时内尽快分析。24 小时内不能分析的,可冷冻保存(冷冻保存时避免样品瓶破裂),冷冻样品分析前须解冻、均质化和接种。

③若样品中的有机物含量较多,BOD_5 的质量浓度大于 6 mg/L,样品需适当稀释后测定。

④对不含或含少量微生物的工业废水,如酸性废水、碱性废水、高温废水、冷冻保存的废水或经过氯化处理等的废水,在测定 BOD_5 时应进行接种,以引进能分解废水中有机物的微生物。

⑤当废水中存在难以被一般生活污水中的微生物以正常的速度降解的有机物或含有剧毒物质时,应将驯化后的微生物引入水样中进行接种。

⑥每一批样品做两个分析空白试样,稀释空白试样的测定结果不能超过 0.5 mg/L,非稀释接种法和稀释接种法空白试样的测定结果不能超过 1.5 mg/L,否则应检查可能的污染来源。

6.3.2.5 氨氮

(1)常用方法

氨氮(NH₃-N)以游离氮(NH₃)或铵盐(NH₄⁺)形式存在于水中。氨氮常用的测定方法见《水质 氨氮的测定 蒸馏-中和滴定法》(HJ 537—2009)、《水质 氨氮的测定 气相分子吸收光谱法》(HJ/T 195—2005)、《水质 氨氮的测定 纳氏试剂分光光度法》(HJ 535—2009)、《水质 氨氮的测定 水杨酸分光光度法》(HJ 536—2009)、《水质 氨氮的测定 连续流动-水杨酸分光光度法》(HJ 665—2013)和《水质 氨氮的测定 流动注射-水杨酸分光光度法》(HJ 666—2013)。

(2)注意事项

①水样采集在聚乙烯或玻璃瓶内,要尽快分析。如需保存,应加硫酸使水样酸化至 pH<2,2～5℃下可保存 7 天。

②水样中含有悬浮物、余氯、钙、镁等金属离子、硫化物和有机物时会产生

干扰，含有此类物质时要做适当处理，以消除对测定的影响。

③如果水样的颜色过深、含盐量过多，酒石酸钾盐对水样中的金属离子掩蔽能力不够，或水样中存在高浓度的钙、镁和氯化物时，需要预蒸馏。

④试剂和环境温度会影响分析结果，冰箱贮存的试剂需放置到室温后再分析，分析过程中室温波动不超过±5℃。

⑤当同批分析的样品浓度波动较大时，可在样品与样品之间插入空白档试样分析，以减小高浓度样品对低浓度样品的影响。

⑥标定盐酸标准滴定溶液时，至少平行滴定 3 次，平行滴定的最大允许偏差不大于 0.05 mL。

⑦分析过程中发现检测峰峰形异常，一般情况下平峰为超量程，双峰为基体干扰，不出峰为泵管堵塞或试剂失效。

⑧每天分析完毕后，用纯水对分析管路进行清洗，并及时将流动检测池中的滤光片取下放入干燥器中，防尘防湿。

6.3.2.6 总磷

（1）常用方法

总磷的常用测定方法见《水质　总磷的测定　钼酸铵分光光度法》（GB 11893—89）、《水质　磷酸盐和总磷的测定　连续流动-钼酸铵分光光度法》（HJ 670—2013）和《水质　总磷的测定　流动注射-钼酸铵分光光度法》（HJ 671—2013）。

（2）注意事项

①用硝酸-高氯酸消解需要在通风橱中进行。高氯酸和有机物的混合物经加热易发生危险，需将试样先用硝酸消解，然后再加入高氯酸消解。

②在采样前，用水冲洗所有接触样品的器皿，样品采集于清洗过的聚乙烯或玻璃瓶中。用于测定磷酸盐的水样，取样后于 0~4℃暗处保存，可稳定 24 小时。用于测定总磷的水样，采集后应立即加入硫酸至 pH≤2，常温可保存 24 小时；于 −20℃冷冻，可保存 30 天。

③对于磷酸含量较少的样品（磷酸盐或总磷浓度≤0.1 mg/L），不可用聚乙烯瓶保存，冷冻保存状态除外。

④绝不可把消解的试样蒸干。

⑤如消解后有残渣时，用滤纸过滤于具塞比色管中。

⑥水样中的有机物用过硫酸钾氧化不能完全破坏时，可用此法消解。

⑦当同批分析的样品浓度波动大时，可在样品与样品之间插入空白档试样分析，以减小高浓度样品对低浓度样品的影响。

⑧每次分析完毕后，用纯水对分析管路进行清洗，并及时将流动检测池中的滤光片取下放入干燥器中，防尘防湿。

6.3.3　全过程检测结果有效性的质量控制要求

应采取适宜的空白试验、平行试验、标准样品比对、质量控制样品、方法比对、留样复测、实验室内比对和实验室间比对、能力验证等方法对检测数据结果有效性进行控制。

第 7 章 废气手工监测技术要点

与废水手工监测类似，废气手工监测也是一个全面性、系统性的工作。我国同样有一系列监测技术规范和方法标准用于指导和规范废气手工监测。本章立足现有的技术规范和标准，结合日常工作经验，分别针对有组织废气、无组织废气归纳总结了常见的方法和操作要求，以及方法使用过程中的重点注意事项。对于一些虽然适用，但不够便捷，目前实际应用很少的方法，本书中未列举，若排污单位根据实际情况，确实需要采用这类方法的，应严格按照方法的适用条件和要求开展相关监测活动。

7.1 有组织废气监测

7.1.1 监测方式

有组织废气监测主要是针对排污单位通过排气筒排放的污染物排放浓度、排放速率、排气参数等开展的监测，主要的监测方式有现场测试和现场采样+实验室分析两种。

现场测试是指采用便携式仪器在污染源现场直接采集气态样品，通过预处理后进行即时分析，现场得到污染物的相关排放信息。目前，采用现场测试的主要指标包括二氧化硫、氮氧化物、排气参数（温度、含氧量、含湿量、流速）等，测试方法主要包括定电位电解法、非分散红外吸收法、便携式紫外吸收法、皮托管法、热电偶法、干湿球法等。

现场采样+实验室分析是指使用特定仪器采集一定量的污染源废气并妥善保存带回实验室进行分析。目前，我国多数污染物指标仍采用这种监测方式，主要的采样方式包括直接采样法（气袋、注射器、真空瓶等）和富集（浓缩）采样法（活性炭吸附、滤筒、滤膜捕集、吸收液吸收等），主要的分析方法包括重量法、离子选择电极法、离子色谱法、分光光度法等。

7.1.2 现场采样

7.1.2.1 现场采样方式

（1）现场直接采样

现场直接采样包括注射器采样、气袋采样、采样管采样和真空瓶（管）采样。现场采样时，应按照 GB/T 16157 的规定配备相应的采样系统采样。

①注射器采样。

常用 100 mL 注射器采集样品。采样时，先用现场气体抽洗 2～3 次，然后抽取 100 mL，密封进气口，带回实验室分析。样品存放时间不宜过长，一般当天分析完。取样后，应将注射器进气口朝下，垂直放置，以使注射器内压略大于外压，避光保存。

②气袋采样。

应选不吸附、不渗漏，也不与样气中污染组分发生化学反应的气袋，如聚四氟乙烯袋、聚乙烯袋、聚氯乙烯袋和聚酯袋等，还有用金属薄膜作衬里（如衬银、衬铝）的气袋。采样时，先用待测废气冲洗 2～3 次，再充满样气，夹封进气口，带回实验室尽快分析。

③采样管采样。

采样时，打开两端旋塞，用抽气泵接在采样管的一端，迅速抽进比采样管容积大 6～10 倍的待测气体，使采样管中原有气体被完全置换出，关上旋塞，采样管体积即为采气体积。

④真空瓶采样。

真空瓶是一种具有活塞的耐压玻璃瓶。采样前，先用抽真空装置把真空瓶内气体抽走，抽气减压到绝对压力为 1.33 kPa。采样时，打开旋塞采样，采完关闭旋塞，则采样体积即为真空瓶体积。

（2）富集（浓缩）采样法

富集（浓缩）采样法主要包括溶液吸收法和滤料阻留法等。

①溶液吸收法。

原理：采样时，用抽气装置将待测废气以一定流量抽入装有吸收液的吸收瓶，并采集一段时间。采样结束后，送实验室进行测定。

常用吸收液：酸碱溶液、有机溶剂等。

吸收液选用应遵循以下原则：

a）反应快，溶解度大；

b）稳定时间长；

c）吸收后利于分析；

d）毒性小，价格低，易于回收。

②滤料阻留法。

原理：该方法是将过滤材料（滤筒、滤膜等）放在采样装置内，用抽气装置抽气，废气中的待测物质被阻留在过滤材料上，根据相应分析方法测定出待测物质的含量。

常用的过滤材料：玻璃纤维滤筒、石英滤筒、刚玉滤筒、玻璃纤维滤膜、过氯乙烯滤膜、聚苯乙烯滤膜、微孔滤膜、核孔滤膜等。

7.1.2.2 现场采样技术要点

有组织废气排放监测时，采样点位布设、采样频次、时间、监测分析方法以及质量保证等均应符合《固定污染源排气中颗粒物测定与气态污染物采样方法》（GB/T 16157—1996）和《固定源废气监测技术规范》（HJ/T 397—2007）的规定。

（1）采样位置和采样点

①采样位置应避开对测试人员操作有危险的场所。

②采样位置应优先选择在垂直管段，避开烟道弯头和断面急剧变化的部位。采样位置应设置在距弯头、阀门、变径管下游方向不小于 6 倍直径处，以及距上述部件上游方向不小于 3 倍直径处。采样断面的气流速度最好在 5 m/s 以上。采样孔内径应不小于 80 mm，宜选用 90～120 mm 内径的采样孔。

③测试现场空间位置有限，很难满足上述要求时，可选择比较适宜的管段采样，但距采样断面与弯头等的距离至少是烟道直径的 1.5 倍，并应适当增加测点的数量和采样频次。

④对于气态污染物，由于混合比较均匀，其采样位置可不受上述规定限制，但应避开涡流区。

⑤采样平台应有足够的工作面积使工作人员安全、方便地操作。监测平台长度应≥2 m、宽度≥2 m 或不小于采样枪长度外延 1 m，周围设置高度 1.2 m 以上的安全护栏，有牢固并符合要求的安全措施；当采样平台设置在离地面高度≥2 m 的位置时，应有通往平台的斜梯（或"Z"字梯、旋梯），宽度应≥0.9 m；当采样平台设置在离地面高度≥20 m 的位置时，应有通往平台的升降梯。

⑥颗粒物和废气流量测量时，根据采样位置尺寸进行多点分布采样测量；一般情况下排气参数（温度、含湿量、含氧量）和气态污染物在管道中心位置测定。

（2）排气参数的测定

①温度的测定：常用测定方法为热电偶法或电阻温度计法。一般情况下可在靠近烟道中心的一点测定，封闭测孔，待温度计读数稳定后读取数据。

②含湿量的测定：常用测定方法为干湿球法。在靠近烟道中心的一点测定，封闭测孔，使气体在一定的速度下流经干球、湿球温度计，根据干球、湿球温度

计的读数和测点处排气的压力值，计算出排气的水分含量。

③含氧量的测定：常用测定方法为电化学法或氧化锆氧分仪法。在靠近烟道中心的一点测定，封闭测孔，待含氧量读数稳定后读取数据。

④流速、流量的测定：常用测定方法为皮托管法。根据测得的某点处的动压、静压及温度、断面截面积等参数计算出排气流速和流量。

（3）采样频次和采样时间

采样频次和采样时间确定的主要依据：相关标准和规范的规定和要求；实施监测的目的和要求；被测污染源污染物排放特点、排放方式及排放规律，生产设施和治理设施的运行状况；被测污染源污染物排放浓度的高低和所采用的监测分析方法的检出限。

具体要求如下：

①相关标准中对采样频次和采样时间有规定的，按相关标准的规定执行。

②相关标准中没有明确规定的，排气筒中废气的采样以连续 1 小时的采样获取平均值，或在 1 小时内，以等时间间隔采集 3~4 个样品，并计算平均值。

③特殊情况下，若某排气筒的排放为间断性排放，排放时间小于 1 小时，应在排放时段内实行连续采样，或在排放时段内等间隔采集 2~4 个样品，并计算平均值；若某排气筒的排放为间断性排放，排放时间大于 1 小时，则应在排放时段内按②的要求采样。

（4）监测分析方法选择

选择监测分析方法时，应遵循以下原则：

①监测分析方法的选用应充分考虑相关排放标准的规定、被测污染源排放特点、污染物排放浓度的高低、所采用监测分析方法的检出限和干扰等因素。

②相关排放标准中有监测分析方法的规定时，应采用标准中规定的方法。

③对相关排放标准未规定监测分析方法的污染物项目，应选用原国家环境保护标准、环境保护行业标准规定的方法。

④在某些项目的监测中，尚无方法标准的，可采用国际标准化组织（ISO）

或其他国家的等效方法标准，但应经过验证合格，其检出限、准确度和精密度应能达到质控要求。

（5）质量保证要求

①属于国家强制检定目录内的工作计量器具，必须按期送计量部门检定，检定合格，取得检定证书后方可用于监测工作。

②排气温度、含氧量、含湿量、流速测定、烟气、烟尘测定等仪器应根据要求定期校准，对一些仪器使用的电化学传感器应根据使用情况及时更换。

③采样系统采样前应进行气密性检查，防止系统漏气。检查采样嘴、皮托管等是否变形或损坏。

④滤筒、滤料等外观无裂纹、空隙或破损，无挂毛或碎屑，能耐受一定的高温和机械强度。采样管、连接管、滤筒、滤料等不被腐蚀、不与待测组分发生化学反应。

⑤样品采集后注意样品的保存要求，应尽快送实验室分析。

7.1.3　指标测定

各监测指标除遵循 7.1.1 节监测方式和 7.1.2 节现场采样的相关要求外，还应遵循各自的具体要求。

7.1.3.1　二氧化硫（SO_2）的监测

（1）常用方法

二氧化硫（SO_2）是有组织废气排放的主要常规污染物之一，目前主要的监测方法有定电位电解法、非分散红外吸收法、紫外吸收法和傅立叶变换红外吸收法 4 种现场测试方法。常用的二氧化硫监测标准方法见表 7-1。

表 7-1　常用的二氧化硫监测标准方法

序号	标准方法	原理及特点
1	《固定污染源废气 二氧化硫的测定 定电位电解法》（HJ 57—2017）	（1）废气被抽入主要由电解槽、电解液和电极组成的传感器中，二氧化硫通过渗透膜扩散到电极表面，发生氧化反应，产生的极限电流大小与二氧化硫浓度成正比。 （2）需要配备除湿性能好的预处理器，以去除水分对监测的影响。 （3）测定时，易受一氧化碳干扰
2	《固定污染源废气 二氧化硫的测定 非分散红外吸收法》（HJ 629 2011）	（1）二氧化硫气体在 6.82～9 μm 红外光谱波长具有选择性吸收。一束恒定波长为 7.3 μm 的红外光通过二氧化硫气体时，其光通量的衰减与二氧化硫的浓度符合朗伯-比尔定律定量。 （2）需要配备除湿性能好的预处理器，以排除水分对监测的影响
3	《固定污染源废气 二氧化硫的测定 便携式紫外吸收法》（HJ 1131—2020）	（1）二氧化硫对紫外光区内 190～230 nm 或 280～320 nm 特征波长光具有选择性吸收，根据朗伯-比尔定律定量测定废气中二氧化硫的浓度。 （2）应通过高效过滤器除尘等方法消除或减少废气中颗粒物对仪器的污染。 （3）需要配备除湿性能好的预处理器，以排除水分对监测的影响
4	《固定污染源废气 气态污染物（SO_2、NO、NO_2、CO、CO_2）的测定 便携式傅立叶变换红外光谱法》（HJ 1240—2021）	（1）在一定条件下，红外吸收光谱中目标化合物的特征吸收峰强度与其浓度遵循朗伯-比尔定律，根据吸收峰强度可对目标化合物进行定量分析。 （2）需要配备除湿性能好的预处理器，以消除或减少排出水分对监测结果的影响。 （3）应通过高效过滤除尘等方法消除或减少废气中颗粒物对仪器的污染

（2）注意事项

①水分对二氧化硫测定影响较大。废气中的高含水量和水蒸气会对测定结果造成负干扰，还会对仪器检测器/检测室造成损坏和污染，因此监测时，特别是在废气含湿量较高的情况下，应使用除湿性能较好的预处理设备，及时排空除湿装置的冷凝水，防止影响测定结果。

②对于定电位电解法而言，一氧化碳对二氧化硫监测会存在一定程度的干扰。监测仪器应具有一氧化碳测试功能，当一氧化碳浓度高于 50 μmol/mol 时，

应根据《固定污染源废气　二氧化硫的测定　定电位电解法》（HJ 57—2017）中的附录 A 进行一氧化碳干扰试验，确定仪器的适用范围。根据一氧化碳、二氧化硫浓度是否超出了干扰试验允许的范围，从而对二氧化硫数据是否有效进行判定。

③监测结果一般应在校准量程的 20%～100%，特别是应注意不能超过校准量程。因此监测活动正式开展前，应根据历史监测资料，预判二氧化硫可能的浓度范围，从而选择合适的标准气体进行校准，确定校准量程。

④监测活动开展全过程中，仪器不得关机。

⑤定电位电解法仪器测定二氧化硫的传感器更换后，应重新开展干扰试验。对于未开展一氧化碳干扰试验的定电位电解法仪器，在有组织废气监测过程中，一氧化碳浓度高于 50 μmol/mol 时同步测得的二氧化硫数据时，应作为无效数据予以剔除。

7.1.3.2　氮氧化物（NO_x）监测

（1）常用方法

有组织废气中的氮氧化物包括以一氧化氮（NO）和二氧化氮（NO_2）两种形式存在的氮氧化物，因此对有组织废气中氮氧化物的监测实际上是通过对一氧化氮和二氧化氮的监测实现的，但最终监测结果均以 NO_2 计。目前，主要的监测方法有定电位电解法、非分散红外吸收法、紫外吸收法和傅立叶变换红外光谱法 4 种现场测试方法。常用的氮氧化物监测标准方法见表 7-2。

表 7-2　常用的氮氧化物监测标准方法

序号	标准方法	原理及特点
1	《固定污染源废气 氮氧化物的测定 定电位电解法》（HJ 693—2014）	(1)废气被抽入主要由电解槽、电解液和电极组成的传感器中，一氧化氮或二氧化氮通过渗透膜扩散到电极表面，发生氧化还原反应，产生的极限电流大小与一氧化氮或二氧化氮浓度成正比。 (2)两个不同的传感器分别测定一氧化氮（以 NO_2 计）和二氧化氮，两者测定之和为氮氧化物（以 NO_2 计）

序号	标准方法	原理及特点
2	《固定污染源废气 氮氧化物的测定 非分散红外吸收法》（HJ 692—2014）	（1）利用 NO 对红外光谱区，特别是 5.3 μm 波长光的选择性吸收，由朗伯-比尔定律定量 NO 和废气中 NO_2 通过转换器还原为 NO 后的浓度。 （2）一般先将废气通入转换器，将废气中的二氧化氮还原为一氧化氮，再将废气通入非分散红外吸收法仪器进行监测，此时，由二氧化氮转化而来的一氧化氮，将和废气中原有的一氧化氮一起经过分析测试，测得结果为总的氮氧化物（以 NO_2 计）
3	《固定污染源废气 氮氧化物的测定 便携式紫外吸收法》（HJ 1132—2020）	（1）一氧化氮对紫外光区内 200～235 nm 特征波长光、二氧化氮对紫外光区内 220～250 nm 或 350～500 nm 特征波长光具有选择性吸收，根据朗伯-比尔定律定量测定废气中一氧化氮和二氧化氮的浓度。 （2）应通过高效过滤器除尘等方法消除或减少废气中颗粒物对仪器的污染。 （3）需要配备除湿性能好的预处理器，以排除水分对监测的影响
4	《固定污染源废气 气态污染物（SO_2、NO、NO_2、CO、CO_2）的测定 便携式傅立叶变换红外光谱法》（HJ 1240—2021）	（1）在一定条件下，红外吸收光谱中目标化合物的特征吸收峰强度与其浓度遵循朗伯-比尔定律，根据吸收峰强度可对目标化合物进行定量分析。 （2）需要配备除湿性能好的预处理器，以消除或减少排出水分对监测结果的影响。 （3）应通过高效过滤除尘等方法消除或减少废气中颗粒物对仪器的污染

（2）注意事项

①测定结果一般应在校准量程的20%～100%，特别是应注意不能超过校准量程。

②监测活动开展的全过程中，仪器不得关机。

③非分散红外吸收法测定氮氧化物时，应注意至少每半年做一次 NO_2 的转化效率的测定，转化效率不能低于85%，否则应更换还原剂；监测活动中，进入转换器 NO_2 浓度不要大于 200 μmol/mol。

7.1.3.3 颗粒物的监测

（1）常用方法

颗粒物的监测一般使用重量法，采用现场采样+实验室分析的监测方式，利用等速采样原理，抽取一定量的含颗粒物的废气，根据所捕集到的颗粒物质量和同时抽取的废气体积，计算出废气中颗粒物的浓度。

目前，颗粒物监测方法标准主要有《固定污染源排气中颗粒物测定与气态污染物采样方法》（GB/T 16157—1996）和《固定污染源废气　低浓度颗粒物的测定　重量法》（HJ 836—2017）。根据原环境保护部的相关规定，在测定有组织废气中颗粒物浓度时，应遵循表 7-3 中的规定选择合适的监测方法标准。

表 7-3　常用颗粒物监测标准方法的适用范围

序号	废气中颗粒物浓度范围	适用的标准方法
1	≤20 mg/m³	《固定污染源废气　低浓度颗粒物的测定　重量法》（HJ 836—2017）
2	>20 mg/m³ 且≤50 mg/m³	《固定污染源废气　低浓度颗粒物的测定　重量法》（HJ 836—2017）、《固定污染源排气中颗粒物测定与气态污染物采样方法》（GB/T 16157—1996），均适用
3	>50 mg/m³	《固定污染源排气中颗粒物测定与气态污染物采样方法》（GB/T 16157—1996）

依据 GB/T 16157 进行颗粒物监测时，仅将滤筒作为样品，进行采样前后的分析称量；依据 HJ 836 进行低浓度颗粒物监测时，需要将装有滤膜的采样头作为样品，进行采样前后的整体称量。

（2）注意事项

①样品采集时，采样嘴应对准气流方向，与气流方向的偏差不得大于 10°；不同于气态污染物，颗粒物在排气筒监测断面（横截面）上的分布是不均匀的，须多点等速采样，各点等时长采样，每个点采样时间不少于 3 分钟。

②应选择气流平稳的工况下进行采样。采样前后，排气筒内气流流速变化不应大于 10%，否则应重新测量。

③每次开展低浓度颗粒物监测时，每批次应采集全程序空白样品。实际监测样品的增重若低于全程序空白样品的增重，则认定该实际监测样品无效，低

浓度颗粒物样品采样体积为 1 m³ 时，方法检出限为 1.0 mg/m³；废气中颗粒物浓度低于方法检出限时，全程序空白样品采样前后重量之差的绝对值不得超过 0.5 mg。

④采样前后样品称重环境条件应保持一致。低浓度颗粒物样品称重使用的恒温恒湿设备的温度控制在 15~30℃任意一点，控温精度为±1℃；相对湿度应保持在（50±5）% RH 范围内。

7.1.3.4　臭气浓度监测

（1）常用方法

对废气中臭气浓度进行监测时，主要依据《恶臭污染源环境监测技术规范》（HJ 905—2017）和《空气质量　恶臭的测定　三点比较式臭袋法》（GB/T 14675—93）。利用真空瓶（管）或气袋用抽气泵采集恶臭气体样品后，送回实验室利用三点比较式臭袋法进行分析。

（2）注意事项

①真空瓶采样。

a）真空瓶的准备：采样前应采用空气吹洗，再抽真空使用，使用后的真空瓶应及时用空气吹洗。当使用后的真空瓶污染较严重时，应采用蒸沸或重铬酸钾洗液清洗的方法处理。当有组织排放源样品浓度过高，需对样品进行预稀释时，在采样前应对真空瓶进行定容，可采用注水计量法对真空瓶定容，定容后的真空瓶应经除湿处理后再抽气采样。对新购置的真空瓶或新配置的胶塞，应进行漏气检查。用带有真空表的胶塞塞紧真空瓶的大口端，抽气减压到绝对压力 1.33 kPa 以下，放置 1 小时后，如果瓶内绝对压力不超过 2.66 kPa，则视为不漏气。

b）系统漏气检查：采样前将除湿定容后的真空瓶抽真空至 1.0×10^5 Pa，放置 2 小时后，观察并记录真空瓶压力变化不能超过规定负压的 20%。连接采样系统，打开抽气泵抽气，使真空压力表负压上升至 13 kPa，关闭抽气泵一侧阀门，压力在 1 分钟之内下降不超过 0.15 kPa，则视为系统不漏气。

c）样品采集：采样前，打开气泵以 1 L/min 流量抽气约 5 分钟，置换采样系统中的空气。接通采样管路，打开真空瓶旋塞，使气体进入真空瓶，然后关闭旋塞，将真空瓶取下。必要时记录采样的工况、环境温度、大气压力及真空瓶采样前瓶内压力。

d）采样频次：连续有组织排放源按生产周期确定采样频次，样品采集次数不少于 3 次，取其最大测定值。生产周期在 8 小时以内的，采样间隔不小于 2 小时；生产周期大于 8 小时的，采样间隔不小于 4 小时。间歇有组织排放源应在恶臭污染浓度最高时段采样，样品采集次数不少于 3 次，取其最大测定值。

e）样品保存：真空瓶存放的样品应有相应的包装箱，防止光照和碰撞，所有样品均应在 17～25℃ 条件下保存，样品应在采样后 24 小时内测定。

f）采集样品时，应注意：采样位置应选择在排气压力为正压或常压点位处；真空瓶应尽量靠近排放管道处，并应采用惰性管材（如聚四氟乙烯管等）作为采样管；如采集排放源强酸或强碱性气体时，应使用洗涤瓶，取 100 mL 洗涤瓶，内装 5 mol/L 的氢氧化钠溶液或 3 mol/L 的硫酸溶液洗涤气体。

②气袋采样。

a）连接好采样系统，在抽气泵前加装一个真空压力表，按照真空瓶采样系统一样的方法进行系统漏气检查。

b）打开采样气体导管与采样袋之间的阀门，启动抽气泵，抽取气袋采样箱成负压，气体进入采样袋，采样袋充满气体后，关闭采样袋阀门。采样前按上述操作，用被测气体冲洗采样袋 3 次。

c）采样结束，从气袋采样箱取出充满样气的采样袋，送回实验室分析。气袋样品应避光保存，所有样品均应在 17～25℃ 条件下保存，样品应在采样后 24 小时内测定。

d）采集排气温度较高样品时，应注意气袋的适用温度。必要时记录采样的工况、环境温度及大气压力。

7.1.3.5　氟化物监测

（1）常用方法

氟化物是指气态氟和尘氟的总和。废气中氟化物排放监测时，主要依据《大气固定污染源　氟化物的测定　离子选择电极法》（HJ/T 67—2001）。

（2）监测方式

气态氟用氢氧化钠溶液吸收，尘氟指溶于盐酸溶液的与颗粒物共存的氟化物。污染源中尘氟和气态氟共存时，采用烟尘采样方法进行等速采样，在采样管的出口用 3 个串联装有 75 mL 吸收液的大型冲击式吸收瓶，分别捕集尘氟和气态氟。污染源中只存在气态氟时，可采用烟气采样方法，在采样管出口串联两个装有 50 mL 吸收液的多孔玻板吸收瓶采样。

（3）监测技术要求

①样品采集。

污染源中尘氟和气态氟共存时，采用烟尘采样方法进行等速采样，在采样管的出口串联 3 个装有 75 mL 吸收液的大冲击式吸收瓶，分别捕集尘氟和气态氟。

若污染源中只存在气态氟时，可采用烟气采样方法，在采样管粗口串联两个装有 50 mL 吸收液的多孔玻板吸收瓶，以 0.5～2.0 L/min 的流速采集 5～20 分钟。

采样管与吸收瓶之间的连接管，选用聚四氟乙烯管，并应尽量短。连接管也可使用聚乙烯塑料管和橡胶管。

采样点数目、采样点位设置及操作步骤，按 GB/T 16157 的有关规定进行。采样频次和时间，按《大气污染物综合排放标准》（GB 16297—1996）的有关规定进行。

②样品保存。

采样结束后，将滤筒取出，编号后放入干燥洁净的器皿中，并按采样要求，做好记录。吸收瓶中的样品全部转移至聚乙烯瓶中，并用少量水洗涤 3 次吸收瓶，洗涤液并入聚乙烯瓶中。编号做好记录，采样管与连接管先用 50 mL 吸收液洗涤，再用 400 mL 水冲洗，全部并入聚乙烯瓶中，编号做好记录。样品常温下可保存 1 周。

（4）注意事项

①采样管与吸收瓶之间的连接管，选用聚四氟乙烯管，并应尽量短。

②吸收瓶中的样品全部转移至聚乙烯瓶中，用少量水洗涤 3 次吸收瓶，洗涤液并入聚乙烯瓶中。

③实验室分析时，至少取 2 支同批号空白滤筒与样品同样方法进行处理制备测定，滤筒空白值要均匀，本底值要低。

7.2　无组织废气监测

7.2.1　监测方式

无组织废气监测是指排污单位对没有经过排气筒的无规则排放进行的监测，低矮排气筒的排放属于有组织排放，但由于低矮排气筒造成的监控点污染物浓度增加不予扣除。

无组织废气排放监测的主要方式为现场采样+实验室分析，与有组织废气的方式相同，就是指采用特定仪器采集一定量的无组织废气并妥善保存带回实验室进行分析。主要采样方式包括现场直接采样法（注射器、气袋、采样管、真空瓶等）和富集（浓缩）采样法（滤筒、滤膜捕集、吸收液吸收等），主要分析方法包括重量法、选择电极法、分光光度法等。

7.2.2　现场采样

7.2.2.1　现场采样技术要点

无组织废气排放监测的主要参考标准为《大气污染物无组织排放监测技术导则》（HJ/T 55—2000）、《大气污染物综合排放标准》（GB 16297—1996）和排污单位具体执行的行业排放标准。

（1）控制无组织排放的基本方式

按照《大气污染物综合排放标准》（GB 16297—1996）的规定，我国以控制无组织排放所造成的后果来对无组织排放实行监督和限制。采用的基本方式是设置规定监控点（监测点）和规定监控点的污染物浓度限值。在设置监测点时，有的污染物要求除在下风向设置监控点外，还要在上风向设置对照点，监控浓度限值为监控点与参照点的浓度差值。有的污染物要求只在周界外浓度最高点设置监控点。

（2）设置监控点的位置和数目

根据《大气污染物综合排放标准》（GB 16297—1996）的规定，二氧化硫、氮氧化物、颗粒物和氟化物的监控点设在无组织排放源下风向 2～50 m 的浓度最高点，相对应的参照点设在排放源上风向 2～50 m；其余物质的监控点设在单位周界外 10 m 范围内的浓度最高点。按规定监控点最多可设 4 个，参照点只可设 1 个。

（3）采样频次的要求

按照《大气污染物无组织排放监测技术导则》（HJ/T 55—2000）的规定对无组织排放进行监测时，实行连续 1 小时的采样，或者实行在 1 小时内以等时间间隔采集 4 个样品计平均值。在进行实际监测时，为了捕捉到监控点最高浓度的时段，实际安排的采样时间可超过 1 小时。

（4）工况的要求

由于大气污染物排放标准对无组织排放实行限制的原则是在最大负荷下生产和排放，以及在最不利于污染物扩散稀释的条件下，无组织排放监控值不应超过排放标准所规定的限值。因此，监测人员应在不违反上述原则的前提下，选择尽可能高的生产负荷及不利于污染物扩散稀释的条件进行监测。

针对以上基本要求，如果排污单位执行的行业排放标准中对无组织排放有明确要求的，按照行业标准执行。

7.2.2.2　监测前准备工作

（1）单位基本情况调查

①主要原、辅材料和主、副产品，相应用量和产量、来源及运输方式等，重点了解用量大和可产生大气污染的材料和产品，列表说明，并予以必要的注释。

②注意车间和其他主要建筑物的位置和尺寸，有组织排放和无组织排放口位置及其主要参数，排放污染物的种类和排放速率；单位周界围墙的高度和性质（封闭式或通风式）；单位区域内的主要地形变化等。对单位周界外的主要环境敏感点（影响气流运动的建筑物和地形分布、有无排放被测污染物的污染源存在）进行调查，并标于单位平面布置图中。

③了解环境保护影响评价、工程建设设计、实际建设的污染治理设施的种类、原理、设计参数、数量以及目前的运行情况等。

（2）无组织排放源基本情况调查

除调查排放污染物的种类和排放速率（估计值）之外，还应重点调查被监测无组织排放源的形状、尺寸、高度及其处于建筑群的具体位置等。

（3）仪器设备准备

按照被测物质的对应标准分析方法中有关无组织排放监测的采样部分所规定的仪器设备和试剂做好准备。所用仪器应通过计量监督部门的性能检定合格，并在使用前做必要调试和检查。采样时应注意检查电路系统、气路部分、校正流量计。

（4）监测条件

监测时，被测无组织排放源的排放负荷应处于相对较高，或者处于正常生产和排放状态。主导风向（平均风速）利于监控点的设置，并可使监控点和被测无组织排放源之间的距离尽可能缩小。通常情况下，选择冬季微风的日期，避开阳光辐射较强烈的中午时段进行监测是比较适宜的。

7.2.3 监测指标的监测

各监测指标除遵循 7.2.1 节监测方式和 7.2.2 节现场采样的相关要求外，还应遵循各自的具体要求。

7.2.3.1 臭气浓度

（1）常用方法

无组织废气监测时，臭气浓度监测主要依据的方法标准有《恶臭污染物排放标准》（GB 14554—93）、《大气污染物无组织排放监测技术导则》（HJ/T 55—2000）和《恶臭污染环境监测技术规范》（HJ 905—2017）。臭气浓度的分析方法采用《空气质量 恶臭的测定 三点比较式臭袋法》（GB/T 14675—93）。

（2）监测点位

臭气浓度的无组织排放采样点一般设置在厂界，在工厂厂界的下风向或有臭气方位的边界线上。在实际监测过程中，可以参照《大气污染物无组织排放监测技术导则》（HJ/T 55—2000）的规定，在厂界（距离臭气无组织排放源较近处）下风向设置，一般设置 3 个点位，根据风向变化情况可适当增加或减少监测点位。当围墙通透性很好时，可紧靠围墙外侧设监控点；当围墙的通透性不好时，也可紧靠围墙设置监控点，但采气口要高出围墙 20～30 cm；当围墙通透性不好，又不便于把采气口抬高时，为避开围墙造成的涡流区，应将监控点设于距离围墙 1.5～2.0 倍围墙高度，且距地面 1.5 m 的地方。具体设置时，应避免对周边环境的影响，包括花丛树木、污水沟渠、垃圾收集点等。

现场监测时，无组织排放源与下风向周界之间存在若干阻挡气流运动的建筑、树木等物质，使气流形成涡流，污染物迁移变化比较复杂。因此，监测人员要根据具体的地形、气象条件研究和分析，发挥创造性，综合确定采样点位，以保证获取污染物最大排放浓度值。

（3）监测指标

《恶臭污染物排放标准》（GB 14554—93）中给出 9 种污染物限值，污染物分别是氨、三甲胺、硫化氢、甲硫醇、甲硫醚、二甲二硫、二硫化碳、苯乙烯和臭气浓度。砖瓦工业在开展恶臭无组织监测时，一般监测臭气浓度指标，如技术规范、监测指南或环境管理有特殊要求的，再增加具体特征污染物指标的监测。

（4）分析方法

臭气浓度无组织采样方法参照《大气污染物无组织排放监测技术导则》（HJ/T 55—2000）。臭气浓度的分析方法现阶段采用《空气质量　恶臭的测定　三点比较式臭袋法》（GB/T 14675—93）。

7.2.3.2　二氧化硫（SO_2）

（1）常用方法

二氧化硫是砖瓦工业无组织废气排放的主要常规污染物之一，目前主要的监测方法有甲醛吸收-副玫瑰苯胺分光光度法和四氯汞盐吸收-副玫瑰苯胺分光光度法，标准监测方法见表 7-4。

表 7-4　常用二氧化硫监测标准方法

序号	标准方法	原理及特点
1	《环境空气　二氧化硫的测定　甲醛吸收-副玫瑰苯胺分光光度法》（HJ 482—2009）	（1）二氧化硫被甲醛缓冲溶液吸收后，生成稳定的羟甲基磺酸加成化合物，在样品溶液中加入氢氧化钠使加成化合物分解，释放出的二氧化硫与副玫瑰苯胺、甲醛作用，生成紫红色化合物，用分光光度计在波长 577 nm 处测量吸光度。 （2）测定时，受氮氧化物、臭氧及某些重金属元素干扰。 （3）样品采集、运输和贮存过程中应避免阳光照射。 （4）样品溶液中如有浑浊物，则应离心分离除去。 （5）样品放置 20 min，以使臭氧分解
2	《环境空气　二氧化硫的测定　四氯汞盐吸收-副玫瑰苯胺分光光度法》（HJ 483—2009）	（1）二氧化硫被四氯汞钾溶液吸收后，生成稳定的二氯亚硫酸盐络合物，再与甲醛及盐酸副玫瑰苯胺作用，生成紫红色络合物，在 575 nm 处测量吸光度。 （2）测定时，受氮氧化物、臭氧、锰、铁、铬等干扰。 （3）样品溶液中如有浑浊物，则应离心分离除去。 （4）样品放置 20 min，以使臭氧分解

（2）监测点位

二氧化硫的无组织排放的监控点设在无组织排放源下风向 2～50 m 的浓度最高点，相对应的参照点设在排放源上风向 2～50 m。监控点最多可设 4 个，参照点只可设 1 个。

7.2.3.3 总悬浮颗粒物

（1）常用方法

总悬浮颗粒物监测方法标准主要有《环境空气 总悬浮颗粒物的测定 重量法》（HJ 1263—2022），标准监测方法见表 7-5。

表 7-5 常用颗粒物监测标准方法

序号	标准方法	原理及特点
1	《环境空气 总悬浮颗粒物的测定 重量法》（HJ 1263—2022）	通过具有一定切割特性的采样器，以恒速抽取定量体积的空气，使环境空气中的悬浮颗粒物被截留在已知质量的滤膜上，根据采样前后滤膜重量差和采样体积，计算总悬浮颗粒物的浓度

（2）监测点位

总悬浮颗粒物的无组织排放采样点可参照 7.2.3.2 节中的二氧化硫采样时点位布设。

（3）注意事项

①新购置或维修后的采样器在启用前，需进行流量校准；正常使用的采样器每月需进行一次流量校准。

②每张滤膜均需用 X 光看片机进行检查，不得有针孔或任何缺陷。

③称量好的滤膜平展地放在滤膜保存盒中，采样前不得将滤膜弯曲或折叠。

④打开采样头顶盖，取出滤膜夹。用洁净干布擦去采样头内及滤膜夹的灰尘。

⑤将已编号并称量过的滤膜绒面向上，放在滤膜支持网上，放上滤膜夹，对正，拧紧，使其不漏气。

7.2.3.4 氟化物

（1）常用方法

环境空气中气态和颗粒态氟化物的测定主要依据《环境空气 氟化物的测定 滤膜采样/氟离子选择电极法》（HJ 955—2018）。

（2）监测方式

现场采样+实验室分析。环境空气中气态和颗粒态氟化物通过磷酸氢二钾浸渍的滤膜时，氟化物被固定或阻留在滤膜上，滤膜上的氟化物用盐酸溶液浸溶后，用负离子选择电极法测定。

（3）监测点位

氟化物的无组织排放采样点可参照 7.2.3.2 节中的二氧化硫采样进行点位布设。

（4）注意事项

①应注意电极的清洁与维护，符合电极的使用说明要求。

②取用滤膜的实验过程中应佩戴防静电的一次性手套，并用不锈钢或聚四氟乙烯的镊子进行操作。

③测定过程中应避免使用玻璃器皿。

第8章 废气自动监测技术要点

废气自动监测系统因其实时、自动等功能，在环境管理中发挥着越来越大的作用。如何确保废气自动监测数据能够有效应用，这就要求排污单位加强废气自动监测系统的运维和管理，使其能够稳定、良好地运行。本章基于《固定污染源烟气（SO_2、NO_x、颗粒物）排放连续监测技术规范》（HJ 75—2017）、《固定污染源烟气（SO_2、NO_x、颗粒物）排放连续监测系统技术要求及检测方法》（HJ 76—2017），对废气自动监测系统的建设、验收、运行维护应注意的技术要点进行梳理。

8.1 废气自动监测系统组成及性能要求

8.1.1 基本概念

废气自动监测系统通常是指烟气排放连续监测系统（Continuous Emission Monitoring System, CEMS），该系统能够实现对固定污染源排放的颗粒物或/和气态污染物的排放浓度和排放量进行连续、实时的自动监测。废气自动监测管理是指对系统中包含的所有设备进行规范安装、调试、验收、运行维护，从而实现对自动监测数据的质量保证与质量控制。

8.1.2　CEMS 组成和功能要求

一套完整的 CEMS 主要包括颗粒物监测单元、气态污染物监测单元、烟气参数监测单元、数据采集与传输单元以及相应的建筑设施等。

①颗粒物监测单元：主要对排放烟气中的颗粒物浓度进行测量。

②气态污染物监测单元：主要对排放烟气中 SO_2、NO_x、氟化物等气态形式存在的污染物进行监测。

③烟气参数监测单元：主要对排放烟气的温度、压力、湿度、含氧量等参数进行监测，用于污染物排放量的计算，以及将污染物的实测浓度折算成标准干烟气状态下或排放标准中规定的过剩空气系数下的浓度。

④数据采集与传输单元：主要完成测量数据的采集、存储、统计功能，并按相关标准要求的格式将数据传输到生态环境主管部门。

对于配有锅炉的砖瓦工业排污单位，废气自动监测主要污染物包括颗粒物、SO_2、NO_x 等。在选择 CEMS 时，应要求具备测量烟气中颗粒物、SO_2、NO_x 浓度和烟气参数（温度、压力、流速或流量、湿度、含氧量等），同时计算出烟气中污染物的排放速率和排放量，显示（可支持打印）和记录各种数据和参数，形成相关图表，并通过数据、图文等方式传输至生态环境主管部门等功能。

对于氮氧化物监测单元，NO_2 可以直接测量，也可通过转化炉转化为 NO 后一并测量，但不允许只监测烟气中的 NO。NO_2 转换为 NO 的效率不小于 95%。

排污单位在进行自动监控系统安装选型时，应当根据国家对每个监测设备的具体技术要求进行选型安装。选型安装在线监测仪器时，应根据污染物浓度和排放标准，选择检测范围与之匹配的在线监测仪器，监测仪器满足国家对仪器的技术要求。例如，二氧化硫、氮氧化物、颗粒物应符合《固定污染源烟气（SO_2、NO_x、颗粒物）排放连续监测技术规范》（HJ 75—2017）和《固定污染源烟气（SO_2、NO_x、颗粒物）排放连续监测系统技术要求及检测方法》（HJ 76—2017）等相关标准要求。选型安装数据传输设备时，应按照《污染物在线监控（监测）系统数据传输标准》（HJ 212—2017）和《污染源在线自动监控（监测）数据采集传输仪技术要求》（HJ 477—2009）的要求设置，不得添加其他可能干扰监测数据存储、处理、传输的软件或设备。

在污染源自动监测设备建设、联网和管理过程中，如当地生态环境主管部门有相关规定的，应同时参考地方的规定要求。

8.2　CEMS 现场安装要求

CEMS 的现场安装主要涉及现场监测站房、废气排放口、自动监控点位设置及监测断面等内容。现场监测站房必须能满足仪器设备功能需求且专室专用，具备保障供电、给排水、温湿度控制、网络传输等必需的运行条件，配备安装必要的电源、通信网络、温湿度控制、视频监视和安全防护设施。排放口应设置符合《环境保护图形标志——排放口（源）》（GB 15562.1—1995）要求的环境保护图形标志牌。排放口的设置应按照生态环境部和地方生态环境主管部门的相关要求，进行规范化设置；自动监控点位的选取应尽可能选取固定污染源烟气排放状况有代表性的点位。具体要求见 5.3 节的相关部分内容。

8.3　CEMS 技术指标调试检测

CEMS 在现场安装运行以后，在接受验收前，应对其进行技术性能指标和联网情况的调试检测。

8.3.1　CEMS 技术指标调试检测

CEMS 调试检测的技术指标包括：

①颗粒物 CEMS 零点漂移、量程漂移；

②颗粒物 CEMS 线性相关系数、置信区间、允许区间；

③气态污染物 CEMS 和氧气 CMS 零点漂移、量程漂移；

④气态污染物 CEMS 和氧气 CMS 示值误差；

⑤气态污染物 CEMS 和氧气 CMS 系统响应时间；

⑥气态污染物 CEMS 和氧气 CMS 准确度；

⑦流速 CMS 速度场系数；

⑧流速 CMS 速度场系数精密度；

⑨温度 CMS 准确度；

⑩湿度 CMS 准确度。

8.3.2 联网调试检测

安装调试完成后 15 天内，按《污染物在线监控（监测）系统数据传输标准》（HJ 212—2017）技术要求与生态环境主管部门联网。

8.4 CEMS 验收要求

技术验收包括 CEMS 技术指标验收和联网验收。

CEMS 在完成安装、调试检测并与生态环境主管部门联网后，同时符合下列要求后，可组织实施技术验收工作。

①CEMS 的安装位置及手工采样位置符合 5.3 节相关部分内容的要求。

②数据采集和传输以及通信协议均符合《污染物在线监控（监测）系统数据传输标准》（HJ 212—2017）的要求，并提供 1 个月内数据采集和传输自检报告，报告应对数据传输标准的各项内容做出响应。

③根据 8.3.1 节的要求进行 72 小时的调试检测，并提供调试检测合格报告及调试检测结果数据。

④调试检测后至少稳定运行 7 天。

8.4.1　CEMS 技术指标验收

8.4.1.1　验收要求

CEMS 技术指标验收包括颗粒物 CEMS、气态污染物 CEMS、烟气参数 CMS 的技术指标验收。符合下列要求后，即可进行技术指标验收。

①现场验收期间，生产设备应正常且稳定运行，可通过调节固定污染源烟气净化设备达到某一排放状况，该状况在测试期间保持稳定。

②日常运行中更换 CEMS 分析仪表或变动 CEMS 取样点位时，应进行再次验收。

③现场验收时必须采用有证标准物质或标准样品，较低浓度的标准气体可以使用高浓度的标准气体采用等比例稀释方法获得，等比例稀释装置的精密度在 1% 以内。标准气体要求贮存在铝或不锈钢瓶中，不确定度不超过±2%。

④对于光学法颗粒物 CEMS，校准时须对实际测量光路进行全光路校准，确保发射光先经过出射镜片，再经过实际测量光路，到校准镜片后，再经过入射镜片到达接收单元，不得只对激光发射器和接收器进行校准。对于抽取式气态污染物 CEMS，当对全系统进行零点校准和量程校准、示值误差和系统响应时间的检测时，零气和标准气体应通过预设管线输送至采样探头处，经由样品传输管线回到站房，经过全套预处理设施后进入气体分析仪。

⑤验收前检查直接抽取式气态污染物采样伴热管的设置，设置的加热温度应≥120℃，并高于烟气露点温度 10℃以上，实际温度能够在机柜或系统软件中查询。冷干法 CEMS 冷凝器的设置和实际控制温度应保持在 2~6℃。

8.4.1.2　验收内容

颗粒物 CEMS 技术指标验收包括颗粒物的零点漂移、量程漂移和准确度验收。气态污染物 CEMS 和氧气 CMS 技术指标验收包括零点漂移、量程漂移、示值误差、系统响应时间和准确度验收。

现场验收时，先做示值误差和系统响应时间的验收测试，不符合技术要求的，可不再继续开展其余项目验收。

通入零气和标气时，均应通过 CEMS，不得直接通入气体分析仪。示值误差、系统响应时间、零点漂移和量程漂移验收技术指标需满足表 8-1 的要求。

表 8-1　示值误差、系统响应时间、零点漂移和量程漂移验收技术要求

检测项目			技术要求
气态污染物 CEMS	二氧化硫	示值误差	当满量程≥100 μmol/mol（286 mg/m³）时，示值误差不超过±5%（相对于标准气体标称值）； 当满量程<100 μmol/mol（286 mg/m³）时，示值误差不超过±2.5%（相对于仪表满量程值）
		系统响应时间	≤200 s
		零点漂移、量程漂移	不超过±2.5%
	氮氧化物	示值误差	当满量程≥200 μmol/mol（410 mg/m³）时，示值误差不超过±5%（相对于标准气体标称值）； 当满量程<200 μmol/mol（410 mg/m³）时，示值误差不超过±2.5%（相对于仪表满量程值）
		系统响应时间	≤200 s
		零点漂移、量程漂移	不超过±2.5%
氧气 CMS	氧气	示值误差	±5%（相对于标准气体标称值）
		系统响应时间	≤200 s
		零点漂移、量程漂移	不超过±2.5%
颗粒物 CEMS	颗粒物	零点漂移、量程漂移	不超过±2.0%

注：氮氧化物以 NO_2 计。

准确度验收技术指标需满足表 8-2 的要求。

表 8-2 准确度验收技术要求

检测项目			技术要求
气态污染物 CEMS	二氧化硫	准确度	排放浓度≥250 μmol/mol（715 mg/m³）时，相对准确度≤15%
			50 μmol/mol（143 mg/m³）≤排放浓度<250 μmol/mol（715 mg/m³）时，绝对误差不超过±20 μmol/mol（57 mg/m³）
			20 μmol/mol（57 mg/m³）≤排放浓度<50 μmol/mol（143 mg/m³）时，相对误差不超过±30%
			排放浓度<20 μmol/mol（57 mg/m³）时，绝对误差不超过±6 μmol/mol（17 mg/m³）
	氮氧化物	准确度	排放浓度≥250 μmol/mol（513 mg/m³）时，相对准确度≤15%
			50 μmol/mol（103 mg/m³）≤排放浓度<250 μmol/mol（513 mg/m³）时，绝对误差不超过±20 μmol/mol（41 mg/m³）
			20 μmol/mol（41 mg/m³）≤排放浓度<50 μmol/mol（103 mg/m³）时，相对误差不超过±30%
			排放浓度<20 μmol/mol（41 mg/m³）时，绝对误差不超过±6 μmol/mol（12 mg/m³）
	其他气态污染物	准确度	相对准确度≤15%
氧气 CMS	氧气	准确度	>5.0%时，相对准确度≤15%
			≤5.0%时，绝对误差不超过±1.0%
颗粒物 CEMS	颗粒物	准确度	排放浓度>200 mg/m³ 时，相对误差不超过±15%
			100 mg/m³<排放浓度≤200 mg/m³ 时，相对误差不超过±20%
			50 mg/m³<排放浓度≤100 mg/m³ 时，相对误差不超过±25%
			20 mg/m³<排放浓度≤50 mg/m³ 时，相对误差不超过±30%
			10 mg/m³<排放浓度≤20 mg/m³ 时，绝对误差不超过±6 mg/m³
			排放浓度≤10 mg/m³，绝对误差不超过±5 mg/m³
流速 CMS	流速	准确度	流速>10 m/s 时，相对误差不超过±10%
			流速≤10 m/s 时，相对误差不超过±12%
温度 CMS	温度	准确度	绝对误差不超过±3℃
湿度 CMS	湿度	准确度	烟气湿度>5.0%时，相对误差不超过±25%
			烟气湿度≤5.0%时，绝对误差不超过±1.5%

注：氮氧化物以 NO₂ 计，以上各参数区间划分以参比方法测量结果为准。

8.4.2　联网验收

联网验收由通信及数据传输验收、现场数据比对验收和联网稳定性验收 3 部分组成。

8.4.2.1　通信及数据传输验收

按照《污染物在线监控（监测）系统数据传输标准》（HJ 212—2017）的规定检查通信协议的正确性。数据采集和处理子系统与监控中心之间的通信应稳定，不出现经常性的通信连接中断、报文丢失、报文不完整等通信问题。为保证监测数据在公共数据网上传输的安全性，所采用的数据采集和处理子系统应进行加密传输。监测数据在向监控系统传输的过程中，应由数据采集和处理子系统直接传输。

8.4.2.2　现场数据比对验收

数据采集和处理子系统稳定运行一周后，对数据进行抽样检查，对比上位机接收到的数据和现场机存储的数据是否一致，精确至 1 位小数。

8.4.2.3　联网稳定性验收

在连续 1 个月内，子系统能稳定运行，不出现通信稳定性、通信协议正确性、数据传输正确性以外的其他联网问题。

8.4.2.4　联网验收技术指标要求

联网验收技术指标要求见表 8-3。

表 8-3 联网验收技术指标要求

验收检测项目	技术指标要求
通信稳定性	①现场机在线率为 95%以上; ②正常情况下,掉线后,应在 5 min 之内重新上线; ③单台数据采集传输仪每日掉线次数在 3 次以内; ④报文传输稳定性在 99%以上,当出现报文错误或丢失时,启动纠错逻辑,要求数据采集传输仪重新发送报文
数据传输安全性	①对所传输的数据应按照 HJ 212—2017 中规定的加密方法进行加密处理传输,保证数据传输的安全性。 ②服务器端对请求连接的客户端进行身份验证
通信协议正确性	现场机和上位机的通信协议应符合 HJ 212—2017 的规定,正确率为 100%
数据传输正确性	系统稳定运行一周后,对一周的数据进行检查,对比接收的数据和现场的数据一致,精确至 1 位小数,抽查数据正确率为 100%
联网稳定性	系统稳定运行 1 个月,不出现通信稳定性、通信协议正确性、数据传输正确性以外的其他联网问题

8.5 CEMS 日常运行管理要求

8.5.1 总体要求

CEMS 运维单位应根据 CEMS 使用说明书和本节要求编制仪器运行管理规程,确定系统运行操作人员和管理维护人员的工作职责。运维人员应当熟练掌握烟气排放连续监测仪器设备的原理、使用和维护方法。CEMS 日常运行管理应包括日常巡检、日常维护保养及 CEMS 的校准和检验。

8.5.2 日常巡检

CEMS 运维单位应根据本节要求和仪器使用说明中的相关要求制定巡检规程,并严格按照规程开展日常巡检工作并做好记录。日常巡检记录应包括检查项目、检查日期、被检项目的运行状态等内容,每次巡检应记录并归档。CEMS 日常巡检时间间隔不超过 7 天。

日常巡检可参照《固定污染源烟气（SO$_2$、NO$_x$、颗粒物）排放连续监测技术规范》（HJ 75—2017）附录 G 中的表 G.1～表 G.3 中的格式记录。

8.5.3　日常维护保养

运维单位应根据 CEMS 说明书的要求对 CEMS 系统保养内容、保养周期或耗材更换周期等做出明确规定，每次保养情况应记录并归档。每次进行备件或材料更换时，更换的备件或材料的品名、规格、数量等应记录并归档。如更换有证标准物质或标准样品，还需记录新标准物质或标准样品的来源、有效期和浓度等信息。对日常巡检或维护保养中发现的故障或问题，运维人员应及时处理并记录。

CEMS 日常运行管理参照《固定污染源烟气（SO$_2$、NO$_x$、颗粒物）排放连续监测技术规范》（HJ 75—2017）附录 G 中的格式记录。

8.5.4　CEMS 的校准和检验

运维单位应根据 8.6 节规定的方法和质量保证规定的周期制定 CEMS 系统的日常校准和校验操作规程。校准和校验记录应及时归档。

8.6　CEMS 日常运行质量保证要求

8.6.1　总体要求

CEMS 日常运行质量保证是保障 CEMS 正常稳定运行、持续提供有质量保证监测数据的必要手段。当 CEMS 不能满足技术指标而失控时，应及时采取纠正措施，并应缩短下一次校准、维护和校验的间隔时间。

8.6.2 定期校准

CEMS 运行过程中的定期校准是质量保证中的一项重要工作,定期校准应做到:

①具有自动校准功能的颗粒物 CEMS 和气态污染物 CEMS 每 24 小时至少自动校准一次仪器零点和量程,同时测试并记录零点漂移和量程漂移。

②无自动校准功能的颗粒物 CEMS 每 15 天至少校准一次仪器的零点和量程,同时测试并记录零点漂移和量程漂移。

③无自动校准功能的直接测量法气态污染物 CEMS 每 15 天至少校准一次仪器的零点和量程,同时测试并记录零点漂移和量程漂移。

④无自动校准功能的抽取式气态污染物 CEMS 每 7 天至少校准一次仪器零点和量程,同时测试并记录零点漂移和量程漂移。

⑤抽取式气态污染物 CEMS 每 3 个月至少进行一次全系统的校准,要求零气和标准气体从监测站房发出,经采样探头末端与样品气体通过的路径(应包括采样管路、过滤器、洗涤器、调节器、分析仪表等)一致,进行零点和量程漂移、示值误差和系统响应时间的检测。

⑥具有自动校准功能的流速 CMS 每 24 小时至少进行一次零点校准,无自动校准功能的流速 CMS 每 30 天至少进行一次零点校准。

⑦校准技术指标应满足表 8-4 的要求。定期校准记录按《固定污染源烟气(SO$_2$、NO$_x$、颗粒物)排放连续监测技术规范》(HJ 75—2017)附录 G 中的表 G.4 格式记录。

表 8-4 CEMS 定期校准校验技术指标要求及数据失控时段的判别

项目	CEMS 类型	校准功能	校准周期	技术指标	技术指标要求	失控指标	最少样品数/对
定期校准	颗粒物 CEMS	自动	24 h	零点漂移	不超过±2.0%	超过±8.0%	—
				量程漂移	不超过±2.0%	超过±8.0%	
		手动	15 d	零点漂移	不超过±2.0%	超过±8.0%	
				量程漂移	不超过±2.0%	超过±8.0%	

项目	CEMS 类型		校准功能	校准周期	技术指标	技术指标要求	失控指标	最少样品数/对
定期校准	气态污染物 CEMS	抽取测量或直接测量	自动	24 h	零点漂移	不超过±2.5%	超过±5.0%	—
					量程漂移	不超过±2.5%	超过±10.0%	
		抽取测量	手动	7 d	零点漂移	不超过±2.5%	超过±5.0%	
					量程漂移	不超过±2.5%	超过±10.0%	
		直接测量	手动	15 d	零点漂移	不超过±2.5%	超过±5.0%	
					量程漂移	不超过±2.5%	超过±10.0%	
	流速 CMS		自动	24 h	零点漂移或绝对误差	零点漂移不超过±3.0%或绝对误差不超过±0.9 m/s	零点漂移超过±8.0%且绝对误差超过±1.8 m/s	—
			手动	30 d	零点漂移或绝对误差	零点漂移不超过±3.0%或绝对误差不超过±0.9 m/s	零点漂移超过±8.0%且绝对误差超过±1.8 m/s	—
定期校验	颗粒物 CEMS		3 个月或6 个月		准确度	满足 HJ 75—2017 中 9.3.8 的要求	超过 HJ 75—2017 中 9.3.8 节规定的范围	5
	气态污染物 CEMS							9
	流速 CMS							5

8.6.3　定期维护

CEMS 运行过程中的定期维护是日常巡检的一项重要工作，维护频次按照《固定污染源烟气（SO_2、NO_x、颗粒物）排放连续监测技术规范》（HJ 75—2017）中附录 G 中表 G.1～表 G.3 说明的进行，定期维护应做到：

①污染源停运到开始生产前应及时到现场清洁光学镜面。

②定期清洗隔离烟气与光学探头的玻璃视窗，检查仪器光路的准直情况；定期对清吹空气保护装置进行维护，检查空气压缩机或鼓风机、软管、过滤器等部件。

③定期检查气态污染物 CEMS 的过滤器、采样探头和管路的结灰和冷凝水情况、气体冷却部件、转换器、泵膜老化状态。

④定期检查流速探头的积灰和腐蚀情况、反吹泵和管路的工作状态。

⑤定期维护记录按《固定污染源烟气（SO_2、NO_x、颗粒物）排放连续监测技术规范》（HJ 75—2017）附录 G 中的表 G.1～表 G.3 中的格式记录。

8.6.4　定期校验

CEMS 投入使用后，燃料、除尘效率的变化、水分的影响、安装点的振动等都会对测量结果的准确性产生影响。定期校验应做到：

①有自动校准功能的测试单元每 6 个月至少做一次校验，没有自动校准功能的测试单元每 3 个月至少做一次校验；校验用参比方法和 CEMS 同时段数据进行比对，按《固定污染源烟气（SO_2、NO_x、颗粒物）排放连续监测技术规范》（HJ 75—2017）进行。

②校验结果应符合表 8-4 的要求，不符合时，则应扩展为对颗粒物 CEMS 的相关系数的校正或/和评估气态污染物 CEMS 的准确度或/和流速 CMS 的速度场系数（或相关性）的校正，直到 CEMS 达到表 8-2 的要求，方法见《固定污染源烟气（SO_2、NO_x、颗粒物）排放连续监测技术规范》（HJ 75—2017）附录 A。

③定期校验记录按《固定污染源烟气（SO_2、NO_x、颗粒物）排放连续监测技术规范》（HJ 75—2017）附录 G 中的表 G.5 格式记录。

8.6.5　常见故障分析及排除

当 CEMS 发生故障时，系统管理维护人员应及时处理并记录。设备维修记录见《固定污染源烟气（SO_2、NO_x、颗粒物）排放连续监测技术规范》（HJ 75—2017）附录 G 中的表 G.6。维修处理过程中，要注意以下几点：

①CEMS 需要停用、拆除或者更换的，应当事先报经主管部门批准。

②运维单位发现故障或接到故障通知，应在 4 小时内赶到现场处理。

③对于一些容易诊断的故障，如电磁阀控制失灵、膜裂损、气路堵塞、数据采集仪死机等，可携带工具或者备件到现场进行针对性维修，此类故障维修时间不应超过 8 小时。

④仪器经过维修后，在正常使用和运行之前应确保维修内容全部完成，性能通过检测程序，按 8.6.2 节对仪器进行校准检查。若监测仪器进行了更换，在正常

使用和运行之前应对系统进行重新调试和验收。

⑤若数据存储/控制仪发生故障，应在 12 小时内修复或更换，并保证已采集的数据不丢失。

⑥监测设备因故障不能正常采集、传输数据时，应及时向主管部门报告，缺失数据按 8.7.2 节处理。

8.6.6　定期校准校验技术指标要求及数据失控时段的判别与修约

①CEMS 在定期校准、校验期间的技术指标要求及数据失控时段的判别标准见表 8-4。

②当发现任一参数不满足技术指标要求时，应及时按照规范及仪器说明书等的相关要求，采取校准、调试乃至更换设备重新验收等纠正措施直至满足技术指标要求。当发现任一参数数据失控时，应记录失控时段（从发现失控数据起到满足技术指标要求后停止的时间段）及失控参数，并进行数据修约。

8.7　数据审核和处理

8.7.1　数据审核与标记

固定污染源生产状况下，经验收合格的 CEMS 正常运行时段为 CEMS 数据有效时间段。CEMS 非正常运行时段（如 CEMS 故障期间、维修期间、超过 8.6.2 节规定的期限未校准时段、失控时段以及有计划地维护保养、校准等时段）均为 CEMS 数据无效时段。

污染源计划停运一个季度以内的，不得停运 CEMS，日常巡检和维护要求仍按照 8.5 节和 8.6 节规定执行；计划停运超过一个季度的，可停运 CEMS，但应报当地生态环境主管部门备案。污染源启运前，应提前启运 CEMS 系统，并进行校准，在污染源启运后的两周内进行校验，满足表 8-4 技术指标要求的，视为启运期间自动监测数据有效。

排污单位可以利用具备自动标记功能的自动监测设备在自动监测设备现场端进行自动标记,也可以授权有关责任人在自动监控系统企业服务端进行人工标记。鼓励排污单位优先进行自动标记,提高标记准确度,减少人工标记工作量。同一时段同时存在人工标记和自动标记时,以人工标记为准。排污单位完成标记即为审核确认自动监测数据的有效性。

自动标记即时生成,各项自动监测数据由自动监测设备同步按照相关标准规范分别计算。一般情况下,每日 12 时前完成前一日数据的人工标记,各项自动监测数据由自动监控系统企业服务端计算;如因通信中断数据未上传、系统升级维护等导致无法人工标记时,应当在数据上传后或标记功能恢复后 24 小时内完成人工标记。逾期不进行人工标记,视为对自动监测数据的有效性无异议。

自动监测小时均值数据的有效性依据自动监测分钟数据标记情况进行自动判断。1 小时内"CEMS 维护"标记少于或等于 15 分钟,且不影响小时均值有效性时,可不再对小时均值数据进行标记。自动监测日均值数据有效性,依据自动监测小时均值数据标记情况进行自动判断。

8.7.2 数据无效时间段数据处理

CEMS 故障、维修、超规定期限未校准及有计划地维护保养、校准等时段均为 CEMS 数据无效时间段。CEMS 故障、维修、维护保养、校准及其他异常导时段的污染物排放量修约按表 8-5 处理;亦可以用参比方法监测的数据替代,频次不低于一天一次,直到 CEMS 技术指标调试到符合表 8-1 和表 8-2 时为止。如使用参比方法监测的数据替代,则监测过程应按照 GB/T 16157—1998、HJ 836—2017 和 HJ/T 397—2007 等要求进行,替代数据包括污染物浓度、烟气参数和污染物排放量。

超规定期限未校准的时段视为数据失控时段,失控时段的污染物排放量按照表 8-6 进行修约,污染物浓度和烟气参数不修约。

表 8-5　维护期间和其他异常导致的数据无效时段的处理方法

季度有效数据捕集率（α）	连续无效小时数（N）/h	修约参数	选取值
α≥90%	N≤24	二氧化硫、氮氧化物、颗粒物的排放量	失效前 180 个有效小时排放量最大值
	N>24		失效前 720 个有效小时排放量最大值
75%≤α<90%	—		失效前 2 160 个有效小时排放量最大值

表 8-6　失控时段的数据处理方法

季度有效数据捕集率（α）	连续失控小时数（N）/h	修约参数	选取值
α≥90%	N≤24	二氧化硫、氮氧化物、颗粒物的排放量	上次校准前 180 个有效小时排放量最大值
	N>24		上次校准前 720 个有效小时排放量最大值
75%≤α<90%	—		上次校准前 2 160 个有效小时排放量最大值

8.7.3　数据记录与报表

8.7.3.1　记录

按《固定污染源烟气（SO_2、NO_x、颗粒物）排放连续监测技术规范》（HJ 75—2017）附录 D 的表格形式记录监测结果。

8.7.3.2　报表

按《固定污染源烟气（SO_2、NO_x、颗粒物）排放连续监测技术规范》（HJ 75—2017）附录 D（表 D.9、表 D.10、表 D.11、表 D.12）的表格形式定期将 CEMS 监测数据上报，报表中应给出最大值、最小值、平均值、累计排放量以及参与统计的样本数。

第9章 厂界环境噪声及周边环境影响监测

厂界环境噪声和周边环境质量监测应按照相关的标准和规范开展。对于厂界噪声而言，重点是监测点位的布设应能够反映厂内噪声源对厂外，尤其是对厂外居民区等敏感点的影响。对周边环境质量监测，在方案制定时依据相关标准规范和管理要求，结合本单位实际排污环境，适当选择应监测的对象，确保监测项目、监测点位的代表性和监测采样的规范性。本章围绕厂界环境噪声、地表水、地下水和土壤监测的关键点进行介绍和说明。

9.1 厂界环境噪声监测

9.1.1 环境噪声的含义

《中华人民共和国噪声污染防治法》第二条规定："本法所称噪声，是指在工业生产、建筑施工、交通运输和社会生活中产生的干扰周围生活环境的声音。本法所称噪声污染，是指超过噪声排放标准或者未依法采取防控措施产生噪声，并干扰他人正常生活、工作和学习的现象。"所以，在测量厂界环境噪声时应重点关注：①噪声排放是否超过标准规定的排放限值；②是否干扰他人正常生活、工作和学习。

从环境保护的角度看，凡是影响人们正常学习、工作和休息的声音，凡是人们在某些场合"不需要的声音"，统称为噪声，因此噪声是一个主观的感受。从物理角度看，噪声是发声体做无规则振动时发出的声音。如机器的轰鸣声，各种交通工具的马达声、鸣笛声，人的嘈杂声及各种突发的声响等。

9.1.2 厂界环境噪声布点原则

《工业企业环境噪声排放标准》（GB 12348—2008）中规定厂界环境噪声监测点的选择应根据工业企业声源、周围噪声敏感建筑物的布局以及毗邻的区域类别，在工业企业厂界布设多个点位，包括距噪声敏感建筑物较近的以及受被测声源影响大的位置。《总则》则更具体地指出了厂界环境噪声监测点位设置应遵循的原则：①根据厂内主要噪声源距厂界位置布点；②根据厂界周围敏感目标布点；③"厂中厂"是否需要监测根据内部和外围排污单位协商确定；④面临海洋、大江、大河的厂界原则上不布点；⑤厂界紧邻交通干线不布点；⑥厂界紧邻另一个排污单位的，在临近另一个排污单位侧是否布点由排污单位协商确定。

厂界一侧长度在 100 m 以下，原则上可布设 1 个监测点位；300 m 以下的可布设点位 2~3 个；300 m 以上的可布设点位 4~6 个。通常所说的厂界，是指由法律文书（如土地使用证、土地所有证、租赁合同等）中所确定的业主所拥有的使用权（或所有权）的场所或建筑边界，各种产生噪声的固定设备的厂界为其实际占地边界。

设置测量点时，一般情况下，应选在工业企业厂界外 1 m，高度 1.2 m 以上；当厂界有围墙且周围有受影响的噪声敏感建筑物时，测点应选在厂界外 1 m、高于围墙 0.5 m 以上的位置；当厂界无法测量到声源的实际排放状况时（如声源位于高空、厂界设有声屏障等），应在厂界外高于围墙 0.5 m 处设置测点，同时在受影响的噪声敏感建筑物的户外 1 m 处另设测点，建筑物高于 3 层时，可考虑分层布点；当厂界与噪声敏感建筑物距离小于 1 m 时，厂界环境噪声应在噪声敏感建筑物室内测量，室内测量点位设在距任何反射面至少 0.5 m、距地面 1.2 m 高度处，在受噪声影响方向的窗户开启状态下测量；固定设备结构传声至噪声敏感建筑物室内，在噪声敏感建筑物室内测量时，测点应距任何反射面至少 0.5 m，距地面 1.2 m、距外窗 1 m 以上，窗户关闭状态下测量，具体要求参照《环境噪声监测技

术规范　结构传播固定设备室内噪声》（HJ 707—2014）。

9.1.3　环境噪声测量仪器

测量厂界环境噪声使用的测量仪器为积分平均声级计或环境噪声自动监测仪，其性能应不低于《电声学　声级计　第 1 部分：规范》（GB/T 3785.1—2023）中对 2 型仪器的要求。测量 35 dB（A）以下的噪声时应使用 1 型声级计，且测量范围应满足所测量噪声的需要。校准所用仪器应符合《电声学　声校准器》（GB/T 15173—2010）对 1 级或 2 级声校准器的要求。当需要进行噪声的频谱分析时，仪器性能应符合《电声学　倍频程和分数倍频程滤波器》（GB/T 3241－2010）中对滤波器的要求。

测量仪器和校准仪器应定期检定是否合格，并在有效使用期限内使用；每次测量前后必须在测量现场进行声学校准，其前后校准示值偏差不得大于 0.5 dB（A），否则测量结果无效。测量时传声器加防风罩。测量仪器时间计权特性设为"F"挡，采样时间间隔不大于 1 s。

9.1.4　环境噪声监测注意事项

应在无雨雪、无雷电天气，风速为 5 m/s 以下时进行测量。不得不在特殊气象条件下测量时，应采取必要措施保证测量准确性，同时注明当时所采取的措施及气象情况。测量应在被测声源正常工作时间进行，同时注明当时的工况。

分别在昼间、夜间两个时段测量。夜间有频发、偶发噪声影响时同时测量最大声级。被测声源是稳态噪声，采用 1 min 的等效声级。被测声源是非稳态噪声，测量被测声源有代表性时段的等效声级，必要时测量被测声源整个正常工作时段的等效声级。噪声超标时，必须测量背景值，背景噪声的测量及修正应按照《环境噪声监测技术规范　噪声测量值修正》（HJ 706—2014）来进行。

9.1.5　监测结果评价

各个测点的测量结果应单独评价。同一测点每天的测量结果按昼间、夜间进行评价。最大声级直接评价。当厂界与噪声敏感建筑物距离小于 1 m，厂界环境噪声在噪声敏感建筑物室内测量时，应将相应的噪声标准限值降 10 dB（A）作为评价依据。

9.2　地表水监测

本节仅针对监测断面设置和现场采样进行介绍，样品保存、运输以及实验室分析部分参考本书第 6 章内容。

9.2.1　监测断面设置

排污单位厂界周边的地表水环境质量影响监测点位应参照排污单位环境影响评价文件及其批复和其他环境管理要求设置。

如环境影响评价文件及其批复和其他文件中均未做出要求，排污单位需要开展周边环境质量影响监测的，环境质量影响监测点位设置的原则和方法参照《建设项目环境影响评价技术导则　总纲》（HJ 2.1—2016）、《环境影响评价技术导则　地表水环境》（HJ 2.3—2018）和《地表水环境质量监测技术规范》（HJ 91.2—2022）等的相关规定执行。

《环境影响评价技术导则　地表水环境》（HJ 2.3—2018）规定环境影响评价中，应提出地表水环境质量监测计划，包括监测断面或点位位置（经纬度）、监测因子、监测频次、监测数据采集与处理、分析方法等。地表水环境质量监测断面或点位设置需与水环境现状监测、水环境影响预测的断面或点位相协调，并应强化其代表性、合理性。

9.2.1.1　河流监测断面设置

根据《环境影响评价技术导则　地表水环境》（HJ 2.3—2018）和《地表水环境质量监测技术规范》（HJ 91.2—2022）的规定，应布设对照断面和控制断面。

对照断面宜布置在排放口上游 500 m 以内。控制断面应根据受纳水域水环境质量控制管理要求设置。控制断面可结合水环境功能区或水功能区、水环境控制单元区划情况，直接采用国家及地方确定的水质控制断面。评价范围内不同水质类别区、水环境功能区或水功能区、水环境敏感区及需要进行水质预测的水域，应布设水质监测断面。评价范围以外的调查或预测范围，可以根据预测工作需要增设相应的水质监测断面。水质取样断面上取样垂线的布设按照《地表水环境质量监测技术规范》（HJ 91.2—2022）的规定执行。

9.2.1.2　湖库监测点位设置

根据《环境影响评价技术导则　地表水环境》（HJ 2.3—2018），水质取样垂线的设置可采用以排放口为中心，沿放射线布设或网格布设的方法，按照下列原则及方法设置：一级评价在评价范围内布设的水质取样垂线数宜不少于 20 条；二级评价在评价范围内布设的水质取样线宜不少于 16 条。评价范围内不同水质类别区、水环境功能区或水功能区、水环境敏感区、排放口和需要进行水质预测的水域，应布设取样垂线。水质取样垂线上取样点的布设按照《地表水环境质量监测技术规范》（HJ 91.2—2022）的规定执行。

9.2.2　水样采集

9.2.2.1　基本要求

（1）河流

对开阔河流采样时，应包括下列几个基本点：对用水地点的采样；污水流入河流后，对充分混合的地点及流入前的地点采样；支流合流后，对充分混合的地点及混合前的主流与支流地点的采样；主流分流后地点的选择；根据其他需要设定的采样地点。原则上应在河流横向及垂向的各不同位置采样点采集样品。采样一般选择在采样前至少连续两天晴天，水质较稳定的时间。

（2）水库和湖泊

水库和湖泊的采样，由于采样地点和温度的分层现象可引起很大的水质差异，在调查水质状况时，应考虑到成层期与循环期的明显不同水质。了解循环期水质，可布设和采集表层水样；了解成层期水质，应按照深度布设及分层采样。

9.2.2.2　水样采集要点内容

（1）采样器材

采样器材包括采样器、静置容器、样品瓶、水样保存剂和其他辅助设备。采样器材的材质和结构、水样保存等应符合标准分析方法要求，如标准分析方法中无要求，则按 HJ 493 的规定执行。采样器包括表层采样器和深层采样器等。水样容器包括聚乙烯瓶（桶）、硬质玻璃瓶。聚乙烯瓶一般用于大多数无机物样品，硬质玻璃瓶用于生物样品。

（2）采样量

在地表水质监测中通常采集瞬时水样。采样量参照规范要求，即考虑重复测定和质量控制的需要量，并留有余地。

（3）采样方法

可以采用船只采样、桥上采样、涉水采样等方式采集水样。使用船只采样时，采样船应位于采样点的下游，逆流采集水样，避免搅动底部沉积物。采样人员应尽量在船只前部采样，尽量使采样器远离船体。在桥上采样时，采样人员应能准确控制采样点位置，确定合适的汲水场合，采用合适的方式采样，如可用系着绳子的水桶投入水中汲水，要注意不能混入漂浮于水面上的物质。涉水采样时，采样人员应站在采样点下游，逆流采集水样，避免搅动底部沉积物。

一般情况不允许采集岸边水样，监测断面目视范围内无水或仅有不连贯的积水时，可不采集水样，但要做好现场情况记录。

（4）水样保存

在水样采入或装入容器中后，应按规范要求加入保存剂。

9.2.2.3 注意事项

地表水水样的采集需按照《地表水环境质量监测技术规范》（HJ 91.2—2022）的要求进行。需要注意《地表水环境质量标准》（GB 3838—2002）中规定的部分项目，除标准分析方法有特殊要求的监测项目外，均要求水样采集后自然沉降 30 分钟，水样采集过程中还应注意以下方面：

①采样时不可搅动水底的沉积物。除标准分析方法有特殊要求的监测项目外，采集到的水样倒入静置容器中，自然沉降 30 分钟。

②使用虹吸装置取上层不含沉降性固体的水样，虹吸装置进水尖嘴应保持插至水样表层 50 mm 以下位置。

③采样时应保证采样点的位置准确，必要时用定位仪（GPS）定位。

④采样结束前，核对采样方案、记录和水样是否正确，否则补采。认真填写采样记录表。

⑤五日生化需氧量（BOD_5）、溶解氧（DO）或标准分析方法有特殊要求的项目要单独采样。

⑥测定五日生化需氧量项目时，水样必须注满容器，上部不留空间，并用水封口。

9.3 地下水监测

9.3.1 监测点位布设

环境管理要求或砖瓦工业排污单位的环境影响评价文件及其批复［仅限 2015 年1 月 1 日（含）后取得环境影响评价批复的］对厂界周边的地下水环境质量监测有明确要求的，按要求执行。如环境影响评价文件及其批复和其他文件中均未做出要求，排污单位认为有必要开展周边环境质量影响监测的，地下水环境质量影响监测点位设置的原则和方法参照《环境影响评价技术导则　地下水环境》（HJ 610—2016）、《地下水环境监测技术规范》（HJ 164—2020）等执行。

参考《环境影响评价技术导则　地下水环境》（HJ 610—2016），根据排污单位类别及地下水环境敏感程度，划分排污单位对地下水环境影响的等级见表 9-1，进而确定地下水监测点（井）的数量及分布。

表 9-1　排污单位周边地下水环境影响等级分级表

敏感程度②	项目类别①		
	Ⅰ类项目	Ⅱ类项目	Ⅲ类项目
敏感	一级	一级	二级
较敏感	一级	二级	三级
不敏感	二级	三级	三级

注：①参见《环境影响评价技术导则　地下水环境》（HJ 610—2016）附录 A。
　　②参见《环境影响评价技术导则　地下水环境》（HJ 610—2016）表 1。

地下水环境质量影响监测点位（井）数量及设置要求：影响等级为一级、二级的排污单位，点位数量一般不少于 3 个，应至少在排污单位建设场地上、下游各布设 1 个。一级排污单位还应在重点污染风险源处增设监测点。影响等级为三级的排污单位，点位数量一般不少于 1 个，应至少在排污单位下游布设 1 个。

9.3.2　监测井的建设与管理

开展周边地下水环境质量影响监测时，排污单位可选择符合点位布设要求、常年使用的现有井（如经常使用的民用井）作为监测井，在无合适现有井时，可设置专门的监测井。多数情况下地下水可能存在污染的部分集中在接近地表的潜水中，排污单位应根据所在地及周边水文地质条件确定地下水埋藏深度，进而确定地下水监测井井深或取水层位置。

地下水监测井的建设与管理，应符合《地下水环境监测技术规范》（HJ 164—2020）中第 5 章的规定。

地下水样品的现场采集、保存、实验室分析及质量控制的具体操作过程，应符合《地下水环境监测技术规范》（HJ 164—2020）中第 6 章、第 7 章、第 8 章、第 10 章的规定。

9.4 土壤监测

环境管理要求或砖瓦工业排污单位的环境影响评价文件及其批复［仅限 2015 年 1 月 1 日（含）后取得环境影响评价批复的］对厂界周边土壤环境质量监测有明确要求的，按要求执行。如环境影响评价文件及其批复和其他文件中均未做出要求，排污单位认为有必要开展周边环境质量影响监测的，土壤环境质量影响监测点位设置的原则和方法参照《环境影响评价技术导则 土壤环境（试行）》（HJ 964—2018）、《土壤环境监测技术规范》（HJ/T 166—2004）等执行。

参考《环境影响评价技术导则 土壤环境（试行）》（HJ 964—2018）中有关污染影响型建设项目的要求，根据排污单位类别、占地面积大小及土壤环境的敏感程度，确定监测点位布设的范围、数量及采样深度。

根据表 9-2 的规定，确定排污单位对周边土壤环境影响的等级，在确定排污单位土壤环境影响的等级后，可根据表 9-3 的规定确定监测点布设的范围及点位数量。

表 9-2 排污单位周边土壤环境影响等级分级表

敏感程度[3]	项目类别[1]								
	I 类项目			II 类项目			III 类项目		
	大型[2]	中型	小型	大型	中型	小型	大型	中型	小型
敏感	一级	一级	一级	二级	二级	二级	三级	三级	三级
较敏感	一级	一级	二级	二级	二级	三级	三级	三级	—
不敏感	一级	二级	二级	二级	三级	三级	三级	—	—

注：①参见《环境影响评价技术导则 土壤环境（试行）》（HJ 964—2018）中附录 A。
②排污单位占地面积分为大型（≥50 hm²）、中型（5～50 hm²）、小型（≤5 hm²）。
③参见《环境影响评价技术导则 土壤环境（试行）》（HJ 964—2018）中表 3。

表 9-3　排污单位周边土壤环境质量影响监测点位布设范围及数量

土壤环境影响等级	周边土壤环境监测点的布设范围[①]	点位数量
一级	1 km	4 个表层点[②]
二级	0.2 km	2 个表层点[②]
三级	0.05 km	—[③]

注：①涉及大气沉降途径影响的，可根据主导风向下风向最大浓度落地点适当调整监测点位布设范围。

　　②影响等级为三级的排污单位，除有特殊要求的，一般可不考虑布设周边土壤环境监测点。

　　③表层点一般在 0～0.2 m 采样。

土壤样品的现场采集、样品流转、制备、保存、实验室分析及质量控制的具体过程应符合《土壤环境监测技术规范》（HJ/T 166—2004）中的相关技术规定。

9.5　环境空气监测

9.5.1　监测点位布设

环境管理要求或砖瓦工业排污单位的环境影响评价文件及其批复［仅限 2015 年 1 月 1 日（含）后取得环境影响评价批复的］对厂区周边环境空气质量监测有明确要求的，按要求执行。如环境影响评价文件及其批复和其他文件中均未做出要求，排污单位认为有必要开展周边环境质量影响监测的，环境空气质量影响监测点位设置的原则和方法参照《环境空气质量监测点位布设技术规范（试行）》（HJ 664—2013）执行。

监测点位布设时，根据监测目的和任务要求来确定具有代表性的监测点位。对于为监测固定污染源对当地环境空气质量影响而设置的监测点，代表范围一般为半径 100～500 m，如果考虑较高的点源对地面浓度影响时，半径也可以扩大到 500～4 000 m。

污染监控点应依据排放源的强度和主要污染项目布设，设置在排放源的主导风向和第二主导风向的下风向最大落地浓度区内，以捕捉到最大污染特征为原则进行布设。

监测点采样口周围水平面应保证有 270°以上的捕集空间，不能有阻碍空气流动的高大建筑、树木或其他障碍物；如果采样口一侧靠近建筑物，采样口周围水平面应有 180°以上的自由空间。从采样口到附近最高障碍物之间的水平距离，应为该障碍物与采样口高度差的 2 倍以上，或从采样口到建筑物顶部与地平线的夹角小于 30°。

9.5.2　现场采样和注意事项

砖瓦工业排污单位厂界周边的环境空气现场采样主要参照《环境空气质量手工监测技术规范》（HJ 194—2017）和具体的监测指标采用的分析方法来确定现场采样方法、采样时间和频率。现场采样的主要方法有溶液吸收采样、吸附管采样、滤膜采样、滤膜-吸附剂联用采样和直接采样等方法，根据不同监测指标的分析方法来确定采样方法。

溶液吸收采样时，采样前注意检查管路是否清洁，进行系统的气密性检查；采样前后流量误差应小于 5%；采样时注意吸收管进气方向不要接反，防止倒吸；采样过程中有避光、温度控制等要求的项目按照相关监测方法标准执行，及时记录采样起止时间、流量、温度、压力等参数；采样结束后，需要避光、冷藏、低温保存的按照相关标准要求采取相应措施妥善保存，尽快送到实验室，并在有效期内完成分析；运输过程中避免样品受到撞击或剧烈振动而损坏；按照相关监测标准要求采集足够数量的全程序空白样品。

吸附管采样时，采样前进行系统的气密性检查；采样前后流量误差应小于 5%；采样过程中有避光、温度控制等要求的项目按照相关监测方法标准执行，及时记录采样起止时间、流量、温度、压力等参数；采样结束后，需要避光、冷藏、低温保存的按照相关标准要求采取相应措施妥善保存，应尽快送到实验室，并在有效期内完成分析；运输过程中避免样品受到撞击或剧烈振动而损坏；按照相关监测标准要求采集足够数量的全程序空白样品。

　　滤膜采样时，采样前清洗切割器，保证切割器清洁；检查采样滤膜的材质、本底、均匀性、稳定性是否符合所采项目监测方法标准要求，滤膜边缘是否平滑，薄厚是否均匀，且无毛刺、无污染、无碎屑、无针孔、无折痕、无损坏；检查采样器的流量、温度、压力是否在误差允许范围内；采样结束后，用镊子轻轻夹住滤膜边缘，取下样品滤膜，并检查是否有破裂或滤膜上尘积面的边缘轮廓是否清晰、完整；采样前后流量误差应小于 5%；样品采集后，立即装盒（袋）密封，尽快送至实验室分析；运输过程中，应避免剧烈振动，对于需要平放的滤膜，需保持滤膜采集面向上。

第 10 章　监测质量保证与质量控制体系

　　监测质量保证与质量控制是提高监测数据质量的重要保障，是监测过程的重中之重，同时也涉及监测过程各方面内容。本章立足现有经验，对污染源监测应关注的重点内容、质控要点进行梳理，提供了经验性的参考，但仍难以做到面面俱到。排污单位或社会化检测机构在开展污染源监测过程中，可参考本章的内容，并结合自身实际情况，制定切实有效的监测质量保证与质量控制方案，提高监测数据质量。

10.1　基本概念

　　监测质量保证和质量控制是环境监测过程中的两个重要概念。《环境监测质量管理技术导则》（HJ 630—2011）中这样定义：“质量保证是指为了提供足够的信任表明实体能够满足质量要求，而在质量体系中实施并根据需要证实的全部有计划和有系统的活动。质量控制是指为达到质量要求所采取的作业技术或活动。”

　　采取质量保证的目的是获取他人对质量的信任，是为使他人确信某实体提供的数据、产品或者服务等能满足质量要求而实施的并根据需要进行证实的全部有计划、有系统的活动。质量控制则是通过监视质量形成过程，消除生产数据、产品或者提供服务的所有阶段中可能引起不合格或不满意效果的因素，使其达到质量要求而采用的各种作业技术和活动。

环境监测的质量保证与质量控制，是依靠系统的文件规定来实施的内部的技术和管理手段。它们既是生产出符合国家质量要求的检测数据的技术管理制度和活动，也是一种"证据"，即向任务委托方、环境管理机构和公众等表明该检测数据是在严格的质量管理中完成的，具有足够的管理和技术上的保证手段，数据是准确可信的。

10.2　质量体系

证明数据质量可靠性的技术管理制度与活动可以千差万别，但是也有其共同点。为了实现质量保证和质量控制的目的，往往需要建立一套并保证有效运行的质量体系。它应覆盖环境检测活动所涉及的全部场所、所有环节，以使检测机构的质量管理工作程序化、文件化、制度化和规范化。

建立一个良好运行的质量体系，对于专业的向政府、企事业单位或者个人提供排污情况监测数据的社会化检测机构，按照《检验检测机构资质认定管理办法》（国家质量监督检验检疫总局令　第 163 号）、《检验检测机构资质认定评审准则》和《检验检测机构资质认定评审准则及释义》的要求建立并运行质量体系是必要的。若检测实验室仅为排污单位内部提供数据，质量管理活动的目的则是为本单位管理层、环境管理机构和公众提供证据，证明数据准确可信，质量手册不是必需的，但有利于检测实验室数据质量得到保证的一些程序性规定和记录是必要的（如实验室具体分析工作的实施流程、数据质量相关的管理流程等的详细规定，具体方法或设备使用的指导性详细说明，数据生产过程和监督数据生产需使用的各种记录表格等）。

建立质量体系不等于需要通过资质认定。质量体系的繁简程度与检测实验室的规模、业务范围、服务对象等密切相关，有时还需要根据业务委托方的要求修改完善质量体系。质量体系一般包括质量手册、程序文件、作业指导书和记录。有效的质量控制体系应满足"对检测工作进行全面规范，且保证全过程留痕"的基本要求。

10.2.1 质量手册

质量手册是检测实验室质量体系运行的纲领性文件，阐明检测实验室的质量目标，描述检测实验室全部检测质量活动的要素，规定检测质量活动相关人员的责任、权限和相互之间的关系，明确质量手册的使用、修改和控制的规定等。质量手册至少应包括批准页、自我声明、授权书、检测实验室概述、检测质量目标、组织机构、检测人员、设施和环境、仪器设备和标准物质，以及检测实验室为保证数据质量所做的一系列规定等。

①批准页：批准页的主要内容是说明编制质量体系的目的以及质量手册的内容，并由最高管理者批准实施。

②自我声明：检测实验室关于独立承担法律责任、遵守《中华人民共和国计量法》和监测技术标准规范等相关法律法规、客观出具数据等的承诺。

③授权书：检测实验室有多种情形需要授权，包括但不仅限于在最高管理者外出期间，授权给其他人员替其行使职权；最高管理者授权人员担任质量负责人、技术负责人等关键岗位；授权检测实验室的大型贵重仪器的人员使用等。

④检测实验室概述：简要介绍检测实验室的地理位置、人员构成、设备配置概况、隶属关系等基本信息。

⑤检测质量目标：检测质量目标即定量描述检测工作所达到的质量。

⑥组织机构：即明确检测实验室与检测工作相关的外部管理机构的关系，与本单位中其他部门的关系，完成检测任务相关部门之间的工作关系等，通常以组织机构框图的方式表明。与检测任务相关的各部门的职责应予以明确和细化。例如，可规定检测质量管理部具有下列职责：牵头制定检测质量管理年度计划并监督实施，编制质量管理年度总结；负责组织质量管理体系建设、运行管理，包括质量体系文件编制、宣贯、修订、内部审核、管理评审、质量督查、检测报告抽查、实验室和现场监督检查、质量保证和质量控制等工作；负责组织人员开展内部持证上岗考核相关工作；负责组织参加外部机构组织的能力验证、能力考核、

比对抽测等各项考核工作；负责组织仪器设备检定/校准工作，包括编制检定/校准计划、组织实施和确认；负责标准物质管理工作，包括建立标准物质清册、管理标准物质样品库、标准样品的验收、入库、建档及期间核查等。

⑦检测人员：包括检测岗位划分和检测人员管理两部分内容。检测岗位划分指检测实验室将检测相关工作分为若干具体的检测工序，并明确各检测工序的职责。以检测实验室为例，岗位划分可描述为质量负责人、技术负责人、报告签发人、采样岗位、分析岗位、质量监督人、档案管理人等。可以由同一个人兼任不同的岗位，也可以专职从事某一个岗位。但报告编制、审核和签发应为 3 个不同的人员承担，不能由一个人兼任其中的两个及以上职责。

检测人员管理部分则规定从事采样、分析等检测相关工作的人员应接受的教育、培训、应掌握的技能，应履行的职责等。以分析岗位为例，人员管理可描述为以下几个方面：

a）分析人员必须经过培训，熟练掌握与本人承担分析项目有关的标准监测方法或技术规范及有关法规，且具备对检验检测结果做出评价的判断能力，经内部考核合格后持证上岗。

b）熟练掌握所用分析仪器设备的基本原理、技术性能，以及仪器校准、调试、维护和常见故障的排除技术。

c）熟悉并遵守质量手册的规定，严格按监测标准、规范或作业指导书开展监测分析工作，熟悉记录的控制与管理程序，按时完成任务，保证监测数据准确可靠。

d）认真做好样品分析前的各项准备工作，分析样品的交接工作以及样品分析工作，确保按业务通知单或监测方案要求完成样品分析。

e）分析人员必须确保选用的分析方法现行有效，分析依据正确。

f）负责所使用仪器设备日常维护、使用和期间核查，编制/修订其操作规程、维护规程、期间核查规程和自校规程，并在计量检定/校准有效期内使用。负责做好使用、维护和期间核查记录。

g）确保分析质控措施和质控结果符合有关监测标准或技术规范及相关规定的要求。

h）当分析仪器设备、分析环境条件或被测样品不符合监测技术标准或技术规范要求时，监测分析人员有权暂停工作，并及时向上级报告。

i）认真做好分析原始记录并签字，要求字迹清楚、内容完整、编号无误。

j）分析人员对分析数据的准确性和真实性负责。

k）校对上级安排的其他检测人员的分析原始记录。

检测实验室建立人员配备情况一览表（参考样表 10-1），有助于提高人员管理效率。

表 10-1　检测人员一览表（样表）

序号	姓名	性别	出生年月	文化程度	职务/职称	所学专业	从事本技术领域年限	所在岗位	持证项目情况	备注
1	张三	男	1988 年 8 月	本科	工程师	分析化学	5 年	分析岗	水和废水：化学需氧量、氨氮	质量负责人
……										

⑧设施和环境：检测实验室的设施和环境条件指检测实验室配备必要的设施硬件，并建立制度，保证监测工作环境适应监测工作需求。检测实验室的设施通常包括空调、除湿机、干湿度温度计、通风橱、纯水机、冷藏柜、超声波清洗仪、电子恒温恒湿箱、灭火器等检测辅助设备。至少应明确以下规定：

a）防止交叉污染的规定。例如，规定监测区域应有明显标识；严格控制进入和使用影响检测质量的实验区域；对相互有影响的活动区域进行有效隔离，防止交叉污染。

b）对可能影响检测结果质量的环境条件，规定检测人员进行监控和记录，保证其符合相关技术要求。例如，万分之一以上精度的电子天平正常工作对环境温度、湿度有控制要求，检测实验室应有监控设施，并有记录表格记录环境条件。

c）规定有效控制危害人员安全和人体健康的潜在因素。例如配备通风橱、消防器材等必要的防护和处置措施。

d）对化学品、废弃物、火、电、气和高空作业等安全相关因素做出规定等。

⑨仪器设备和标准物质：检测用仪器设备和标准物质是保障检测数据量值溯源的关键载体。检测实验室应配备满足检测方法规定的原理、技术性能要求的设备，应对仪器设备的购置、使用、标识、维护、停用、租借等管理做出明确规定，保证仪器设备得到合理配置、正确使用和妥善维护，提高检测数据的准确可靠性。例如，对于设备的配备可规定：

a）根据检测项目和工作量的需要及相关技术规范的要求，合理配备采样、样品制备、样品测试、数据处理和维持环境条件所要求的所有仪器设备种类和数量，并对仪器技术性能进行科学的分析评价和确认。

b）如果需要借用外单位的仪器设备，必须严格按本单位仪器设备的管理受到有效控制。建立仪器设备配备情况一览表，往往有助于提高设备管理效率，仪器设备配备情况参考样表见表 10-2。

表 10-2　仪器设备配备情况一览表（样表）

序号	设备名称	设备型号	出厂编号	检定/校准方式	检定/校准周期	仪器摆放位置
1	电子天平	TE212L	####	检定	一年	205 室
……						

此外，应根据检测项目开展情况配备标准物质，并做好标准物质管理。配备的标准物质应该是有证标准物质，保证标准物质在其证书规定的保存条件下贮存，建立标准物质台账，记录标准物质名称、购买时间、购买数量、领用人、领用时间和领用量等信息。

⑩其他：为保证建立的质量管理体系覆盖检测的各个方面、环节、所有场所，且能持续有效地指导实施质量管理活动，还应对以下质量管理活动做出原则性的规定：

a）质量体系在哪些情形下，由谁提出、谁批准同意修改等。

b）如何正确使用管理质量体系各类管理和技术文件，即如何编制、审批、发放、修改、收回、标识、存档或销毁等处理各种文件。

c）如何购买对监测质量有影响的服务（如委托有资质的机构检定仪器即为购买服务），以及如何购买、验收和存储设备、试剂、消耗材料。

d）检测工作中出现的与相关规定不符合的事项，应如何采取措施。

e）质量管理、实际样品检测等工作中相关记录的格式模板应如何编制，以及实际工作过程中如何填写、更改、收集、存档和处置记录。

f）如何定期组织单位内部熟悉检测质量管理相关规定的人员，对相关规定的执行情况进行内部审核。

g）管理层如何就内部审核或者日常检测工作中发现的相关问题，定期研究解决。

h）检测工作中，如何选用、证实/确认检测方法。

i）如何对现场检测、样品采集、运输、贮存、接收、流转、分析、监测报告编制与签发等检测工作全过程的各个环节都采取有效的质量控制措施，以保证监测工作质量。

j）如何编制监测报告格式模板，实际检测工作中如何编写、校核、审核、修改和签发检测报告等。

10.2.2 程序文件

程序文件是规定质量活动方法和要求的文件，是质量手册的支持性文件，主要目的是对产生检测数据的各个环节、各个影响因素和各项工作全面规范，包括人员、设备、试剂、耗材、标准物质、检测方法、设施和环境、记录和数据录入发布等各关键因素，明确详细地规定某一项与检测相关工作的执行人员是谁、经过什么环节、留下哪些记录，以实现在高时效地完成工作的同时保证数据质量。

编写程序文件时，应明确每个程序的控制目的、适用范围、职责分配、活动过程规定和相关质量技术要求，从而使程序文件具有可操作性。例如，制定检测工作程序，对检测任务的下达、检测方案的制定、采样器皿和试剂的准备、样品采集和现场检测、实验室内样品分析，以及测试原始积累的填写等诸多环节，规定分别由谁来实施以及实施过程中应该填写哪些记录，以保证工作有序开展。

档案管理也是一项涉及较多环节的工作，涉及档案产生后的暂存、收集、交接、保管和借阅查询使用等一系列环节，在各个细节又需要保证档案的完整性，制定一个档案管理程序就显得比较重要了。这个程序可以规定档案产生人员如何暂存档案，暂存的时限是多长，档案收集由谁来负责，交给档案收集人员时应履行的手续，档案集中后由谁来负责建立编号，如何保存档案，借阅查阅时应履行的手续等。

又如检测方案的制定，方案制定人员需要弄清楚的文件有环评报告中的监测章节内容、生态环境部门做出的环评批复、执行的排放标准，许可证管理的相关要求，行业涉及的自行监测指南等。在明确管理要求后所制定的检测方案，宜请熟悉环境管理、环境监测、生产工艺和治理工艺的专业人员对方案进行审核把关，既有利于保证检测内容和频次等满足管理要求，又可避免不必要的人力、物力浪费。

一般来说，检测实验室需制定的程序性规定应包括人员培训程序、检测工作程序、设备管理程序、标准物质管理程序、档案管理程序、质量管理程序、服务和供应品的采购和管理程序、内务和安全管理程序、记录控制与管理程序等。

10.2.3　作业指导书

作业指导书是指特定岗位工作或活动应达到的要求和遵循的方法。对于下列情形往往需要检测机构制定作业指导书：

①标准检测方法中规定可采取等效措施，而检测机构又的确采取了等效措施。

②使用非母语的检测方法。

③操作步骤复杂的设备。

作业指导书应写得尽可能具体，且语言简洁不产生歧义，以保证各项操作的可重复性。

10.2.4 记录

记录包括质量记录和技术记录。质量记录是质量体系活动产生的记录，如内审记录、质量监督记录等；技术记录是各项监测工作所产生的记录，如《pH分析原始记录表》《废水流量监测记录（流速仪法）》。记录是保证从检测方案的制定开始，到样品采集、样品运输和保存、样品分析、数据计算、报告编制、数据发布的各个环节留下关键信息的凭证，证明数据生产过程满足技术标准和规范要求的基础。检测实验室的记录既要简洁易懂，也要使信息量足够让检测工作重现。这就要求认真学习国家的法律法规等管理规定和技术标准规范，把握必须记录备查的关键信息，在设计记录表格样式的时候予以考虑。如对于样品采集，除采样时间、地点、人员等基础信息外，还应包括检测项目、样品表观（定性描述颜色、悬浮物含量）、样品气味、保存剂的添加情况等信息。对于具体的某一项污染物的分析，需记录分析方法名称及代码、分析时间、分析仪器的名称型号、标准/校准曲线的信息、取样量、样品前处理情况、样品测试的信号值、计算公式、计算结果以及质控样品分析的结果等。

10.3 自行监测质控要点

自行监测的质量控制，既要抓住人员、设备、监测方法、试剂耗材等关键因素，也要重视环境设施等影响因素。每项检测任务都应有足够证据表明其数据质量可信，在制定该项检测任务实施方案的同时，制定一个质控方案，或者在实施方案中有质量控制的专门章节，明确该项工作应针对性地采取哪些措施来保证数据质量。自行监测工作中，包含自行监测点位、项目和频次、采样、制样和分析应执行哪些技术规范等信息的监测方案，在许可证发放时应经过生态环境主管部门审查。日常监测工作中，需要落实负责现场监测和采样、制样和分析样品、报告编制工作的具体人员，以及应采取的质控措施。应采取的质控措施可以是一个专门的方案，规定承担采样、制样和分析样品的人员应具备的技能（例如经过适当的培训后持有上岗证），各环节的执行人员应该落实哪些措施来自证所开展工作的质量，质量控制人员如何去查证各任务执行人员工作的有效性等。通常来说，质控方案就是保证数据质量所需要满足的人员、设备、监测方法、试剂耗材和环境设施等的共性要求。

10.3.1　人员

人员技能水平是自行监测质量的决定性因素，因此检测机构制定的规章制度性文件中，要明确规定不同岗位人员应具有的技术能力。例如应该具有的教育背景、工作经历、胜任该工作应接受的再教育培训，并以考核方式确认其是否具有胜任岗位的技能。对于人员适岗的再教育培训，如掌握行业相关的政策法规、标准方法、操作技能等，检测机构内部组织或者参加外部培训均可。适岗技能考核确认的方式也是多样化的，如笔试或者提问、操作演示、实样测试、盲样考核等。无论采用哪种培训、考核方式，均应有记录来证实工作过程。例如，内部培训应至少有培训教材、培训签到表，外部培训应有会议通知、培训考核结果证明材料等。需注意对于口头提问和操作演示等考核方式，也应有记录，例如口头提问，记录信息至少包括考核者姓名、提问内容、被考核者姓名、回答要点，以及对于考核结果的评价；操作演示的考核记录至少包括考核者姓名、要求考核演示的内容、被考核者姓名、演示情况的概述以及评价结论。在具体执行过程中，切忌人员技能培训走过场，杜绝出现徒有各种培训考核记录但人员技能依然不高的窘境。例如，某厂自行监测厂界噪声的原始记录中，背景值仅为 30 dB（A），暴露出监测人员对仪器性能和环境噪声缺乏基本的认知。

10.3.2　仪器设备

监测设备是决定数据质量的另一关键因素。2015 年 1 月 1 日起开始施行的《中华人民共和国环境保护法》第二章第十七条明确规定："监测机构应当使用符合国家标准的监测设备，遵守监测规范。"所谓符合国家标准，首先，应根据排放标准规定的监测方法选用监测设备，也就是仪器的测定原理、检测范围、测定精密度、准确度以及稳定性等满足方法的要求；其次，设备应根据国家计量的相关要求和仪器性能情况确定检定/校准，列入《中华人民共和国强制检定的工作计量器具目录》或有检定规程的仪器应送有资质的单位进行检定，如烟尘监测仪、天平、砝码、烟气采样器、大气采样器、pH 计、分光光度计、声级计、压力表等。属于非强制检定的仪器与设备可以送有资质的计量检定机构进行校准，无法送去检定或者校准的仪器设备，应由仪器使用单位自行溯源，即自己制定校准规范，对部分计量性能或参数进行检测，以确认仪器性能准确可靠。

对于投入使用的仪器，要确保其得到规范使用。应明确规定如何使用、维护、维修和性能确认仪器设备。例如，编写仪器设备操作规程（仪器操作说明书）和维护规程（仪器维护说明书），以保证使用人员能够正确使用和维护仪器。与采样和监测结果的准确性和有效性相关的仪器设备，在投入使用前，必须进行量值溯源，即用前述的检定/校准或者自校手段确认仪器性能。对于送到有资质的检定或者校准单位的仪器，收到设备的检定或者校准证书后，应查看检定/校准单位实施的检定/校准内容是否符合实际的检测工作要求。例如，配备有多个传感器的仪器，检测工作需要使用的传感器是否都得到了检定；对于有多个量程的仪器，其检定或者校准范围是否满足日常工作需求。对于仪器的检定/校准或者自校，并不是一劳永逸的，应根据国家的检定/校准规程或者使用说明书要求，周期性地定期实施检定/校准或者自校，保持仪器在检定/校准或者自校有效期内使用，且每次监测前，都要使用分析标准溶液、标准气体等方式确认仪器量值，在证实其量值持续符合相应技术要求后使用。例如，定电位电解法规定烟气中二氧化硫、氮氧化物每次测量前必须用标气进行校准，示值误差≤±5%方可使用。此外，应规定仪器设备的唯一性标识、状态标识，避免误用。仪器设备的唯一性标识既可以是仪器的出厂编码，也可以是检测单位按自行制定的规则编写的代码。

　　仪器的相关记录应妥善保存。建议给检测仪器建立一仪一档。档案的目录包括仪器说明书、仪器验收技术报告、仪器的检定/校准证书或者自校原始记录和报告、仪器的使用日志、维护记录、维修记录等。建议这些档案一年归一次档，以免遗失。应特别注意及时如实填写仪器使用日志，切忌事后补记，否则不实的仪器使用记录会影响数据是否真实的判断。比较常见的明显与事实不符的记录有：同一台现场检测仪器在同一时间，出现在相距几百千米的两个不同检测任务中；仪器使用日志中记录的分析样品量远大于该仪器最大日分析能力等。这些记录会让检查人员对数据的真实性打上巨大的问号。应建立制度规范，明确在必须对原始记录修改时应如何修改，避免原始记录被误改。

　　为确保仪器设备量值稳定可靠并保持设备的可信度，在其使用期间应按有关规范要求开展功能核查、期间核查活动，使用适宜的核查标准或必要的工具、量具进行稳定性核查。

10.3.3　记录

　　规范使用监测方法，优先使用被检测对象适用的污染物排放标准中规定的监测方法。若有新发布的标准方法替代排放标准中指定的监测方法，应采用新标准。若新发布的监测方法与排放标准指定的方法不同，但适用范围相同的，也可使用。例如《固定污染源废气　氮氧化物的测定　非分散红外吸收法》（HJ 692—2014）、《固定污染源废气　氮氧化物的测定　定电位电解法》（HJ 693—2014）、《固定污染源废气　氮氧化物的测定　便携式紫外吸收法》（HJ 1132—2020）的适用范围明确为"固定污染源废气"，因此 3 项方法均适用于砖瓦厂废气中氮氧化物的监测。

　　正确使用监测方法。污染源排放情况监测所使用的方法包括国家标准方法和国务院行业部门以文件、技术规范等形式发布的标准方法，特殊情况下也会用等效分析方法。为此，检测机构或者实验室往往需要根据方法的来源确定应实施方法验证还是方法确认，其中方法验证适用于国家标准方法和国务院行业部门以文件、技术规范等形式发布的方法，方法确认适用于等效分析方法。为实现正确使用监测方法，仅仅是检测机构实施了方法验证是不够的，还需要检测机构要求使用该监测方法的每个人员使用该方法获得的检出限、空白、回收率、精密度、准确度等各项指标均满足要求，方可认为检测人员掌握了该方法，才算为正确使用监测方法奠定了基础。当然，并非每次检测工作中均需对方法进行验证。一般认为，初次使用标准方法前，应证实能够正确运用标准方法；标准方法发生了变化，应重新予以验证。

通常而言，方法验证至少应包括以下 6 个方面的内容：

①人员：人员的技能是否得到更新；是否能够适应方法的工作要求；人员数量是否满足工作要求。

②设备：设备性能是否满足方法要求；是否需要添置前处理设备等辅助设备；设备数量是否满足要求。

③试剂耗材：方法对试剂种类、纯度等的要求；数量是否满足；是否建立了购买使用台账。

④环境设施条件：方法及其所用设备是否对温度湿度有控制要求；环境条件是否得到监控。

⑤方法技术指标：使用日常工作所用的标准和试剂做方法的技术指标，如校准曲线、检出限、空白、回收率、精密度、准确度等，是否均达到了要求。

⑥技术记录：日常检测工作须填写的原始记录格式是否包含了足够的关键信息。

10.3.4　试剂耗材

规范使用标准物质，包括以下注意事项：

①应优先考虑使用国家批准的有证标准样品，以保证量值的准确性、可比性与溯源性。

②选用的标准样品与预期检测分析的样品，尽可能在基体、形态、浓度水平等性状方面接近。其中基体匹配是需要重点考虑的因素，因为只有使用与被测样品基体相匹配的标准样品，在解释实验结果时才很少或没有困难。

③应特别注意标准样品证书中所规定的取样量与取样方法。证书中规定的固体最小取样量、液体稀释办法等是测量结果准确性和可信度的重要影响因素，宜严格遵守。

④应妥善储存标准样品，并建立标准样品使用情况记录台账。有些标准样品有特殊的储存条件要求，应根据标准样品证书规定的储存条件保存标准样品，并在标准样品的有效期内使用，否则可能会影响标准样品量值的准确性。

严格按照方法要求购买和使用试剂/耗材。每个方法都规定了试剂的纯度，需要注意的是，市售的与方法要求的纯度一致的试剂，不一定能满足方法的使用要求，对数据结果有影响的试剂、新购品牌或者产品批次不一致时，在正式用于样品分析前应进行空白样品实验，以验证试剂质量是否满足工作需求。对于试剂纯度不满足方法需求的情形，应购买更高纯度的试剂或者由分析人员自行净化。采用分析纯的酸往往会导致较高的空白和背景值，建议筛选品质可靠的优级纯酸。

牢记试剂/耗材有使用寿命。对于试剂，尤其是已经配制好的试剂，应注意遵守检测方法中对试剂有效期的规定。若没有特殊规定，建议参考执行《化学试剂　标准滴定溶液的制备》（GB/T 601—2002）中关于标准滴定溶液有效期的规定，即常温（15～25℃）下保存时间不超过 2 个月。特别应注意表观不被磨损类耗材的质保期，如定电位电解法的传感器、pH 计的电极等，这些仪器的说明书中明确规定了传感器或者电极的使用次数或者最长使用寿命，应严格遵守，以保证量值的准确性。

10.3.5　数据处理

数据的计算和报出也可能会发生失误，应高度重视。以火电厂排放标准为例，排放标准根据热能转化设施类型的不同，规定了不同的基准含氧量，实测的火电厂烟尘、二氧化硫、氮氧化物和汞及其化合物排放浓度，须折算为基准含氧量下的排放浓度。若忽略了此要求，将现场测试所得结果直接报出，必然导致较大偏差。对于废水检测，须留意在发生样品稀释后检测时，稀释倍数是否纳入了计算。已经完成的测定结果，还应注意计量单位是否正确，最好有熟悉该项目的工作人员校核，各项目结果汇总后，由专人进行数据审核后发出。录入计算机或者信息平台时，注意检查是否有小数点输入的错误。

完备的质量控制体系运行离不开有效的质量监督。检测机构或者实验室应设置覆盖其检测能力范围的监督员，这些监督员可以是专职的，也可以是兼职的。但是无论是哪种情形，监督员应该熟悉检测程序、方法，并能够评价检测结果，发现可能的异常情况。为了使质量监督达到预期效果，最好在年初就制订监督计划，明确监督人、被监督对象、被监督的内容、被监督的频次等。通常情况下，新进上岗人员、使用新分析方法或者新设备，以及生产治理工艺发生变化的初期等实施的污染排放情况检测应受到有效监督。监督的情况应以记录的形式予以妥善保存。此外，检测机构或者实验室应定期总结监督情况，编写监督报告，以保证质量体系中的各标准、规范和质量措施等切实得到落实。

10.3.6　结果报告的审核与批准

审批结果报告的授权签字人要重点关注：

①内容方面：应关注报告内容与检测过程是否相符；相关人员是否确认能力持证上岗；采用的检测方法是否正确；试验条件和检测程序是否完整；使用的设备是否适用，使用的标准物质是否正确；样品的处置是否正确；环境条件是否满足标准要求；检测值有无异常。

②数据方面：要注意报告、记录信息的准确性和完整性；数据计算和修约是否正确；检测记录信息是否充分；计量单位使用有无错漏；报告格式是否符合要求，内容是否完整；是否有分包项目，如有，是否明确注明；是否进行抽样，如有，抽样的信息是否完整充分；另外，注意是否满足了相关法律法规及客户的要

求；报告中所包含的检测项目是否在批准的能力范围内，CMA 章使用是否规范；报告和客户委托的要求是否一致。

③检测过程符合性确认：影响检测结果正确性、可靠性的主要来源于 5 个方面，涉及人员、设备标准物质和计量溯源性、服务和供应品采购、检测方法、抽样和样品处置、设施和环境、结果质量控制 7 个要素。在对检测过程符合性审核时，也应从这 7 个要素的符合性逐一进行确认。尤其在 7 个要素控制过程出现异常情况时，应对其影响检测结果的程度做出正确评价。

④记录的完整性审核：检验检测机构应当保证技术记录具有足够的信息，能够"复现"先前检测工作过程。应及时记录样品采集、现场测试、样品运输和保存、样品制备、分析测试等监测全过程的技术活动，保证记录信息的充分性、原始性和规范性，能够再现监测全过程。所有对记录的更改（包括电子记录）实现全程留痕。监测活动中由仪器设备直接输出的数据和谱图，应以纸质或电子介质的形式完整保存，电子介质存储的记录应采取适当措施备份保存，保证可追溯和可读取，以防止记录丢失、失效或篡改。当输出数据打印在热敏纸或光敏纸等保存时间较短的介质上时，应同时保存记录的复印件或扫描件。

第 11 章　信息记录与报告

　　监测信息记录和报告是相关法律法规的要求，也是排污许可制度实施的重要内容，是排污单位必须开展的工作。信息记录和报告的目的是将排污单位与监测相关的内容记录下来，供生态环境管理部门和排污单位使用，同时定期按要求进行信息报告，以说明环境守法状况，同时也为社会公众监督提供依据。本章围绕砖瓦工业应开展的信息记录和报告的内容进行说明，为砖瓦工业排污单位提供参考。

11.1　信息记录的目的与意义

　　说清污染物排放状况，自证是否正常运行污染治理设施、是否依法排污是法律赋予排污单位的权利和义务。自证守法，要有可以作为证据的相关资料，信息记录就是要将所有可以作为证据的信息保留下来，在需要的时候有据可查。具体来说，信息记录的目的和意义体现在以下几个方面。

　　首先，便于监测结果溯源。监测的环节很多，任何一个环节出现了问题，都可能造成监测结果的错误。通过信息记录，将监测过程中的重要环节的原始信息记录下来，一旦发现监测结果存在可疑之处，就可以通过查阅相关记录，检查哪个环节出现了问题。对于不影响监测结果的问题，可以通过追溯监测过程进行校正，从而获得正确的结果。

其次，便于规范监测过程。认真记录各个监测环节的信息，便于规范监测活动，避免由于个别时候的疏忽而遗忘个别程序，从而影响监测结果。通过对记录信息的分析，也可以发现影响监测过程的一些关键因素，这也有利于监测过程的改进。

再次，可以实现信息间的相互校验。记录各种过程信息，可以更好地反映排污单位的生产、污染治理、排放状况，从而便于建立监测信息与生产、污染治理等相关信息的逻辑关系，从而为实现信息间的互相校验、加强数据间的质量控制提供基础。通过记录各类信息，可以形成排污单位生产、污染治理、排放等全链条的证据链，避免单方面的信息不足以说明排污状况。

最后，丰富基础信息，利于科学研究。排污单位生产、污染治理、排放过程中一系列过程信息，对研究排污单位污染治理和排放特征具有重要意义。监测信息记录极大地丰富了污染源排放和治理的基础信息，为开展科学研究提供了大量基础信息。基于这些基础信息，利用大数据分析方法，可以更好地探索污染排放和治理的规律，为科学制定相关技术要求奠定良好基础。

11.2　信息记录要求和内容

11.2.1　信息记录要求

信息记录是一项具体而琐碎的工作，做好信息记录对于排污单位和生态环境管理部门都很重要，一般来说，信息记录应该符合以下要求。

首先，信息记录的目的在于真实反映排污单位生产、污染治理、排放、监测的实际情况，因此信息记录不需要专门针对需要记录的内容进行额外整理，只要保证所要求的记录内容便于查阅即可。为了便于查阅，排污单位应尽可能根据一般逻辑习惯整理成为台账保存。保存方式可以为电子台账，也可以为纸质台账，以便于查阅为原则。

其次，信息记录的内容不限于标准规范中要求的内容，其他排污单位认为有利于说清楚本单位排污状况的相关信息，也可以予以记录。考虑到排污单位污染排放的复杂性，影响排放的因素有很多，而排污单位最了解哪些因素会影响排污状况，因此，排污单位应根据本单位的实际情况，梳理本单位应记录的具体信息，丰富台账资料的内容，从而更好地建立生产、治理、排放的逻辑关系。

11.2.2 信息记录内容

11.2.2.1 手工监测的记录

采用手工监测的指标，至少应记录以下几方面的内容：

①采样相关记录，包括采样日期、采样时间、采样点位、混合取样的样品数量、采样器名称、采样人姓名等。

②样品保存和交接相关记录，包括样品保存方式、样品传输交接记录。

③样品分析相关记录，包括分析日期、样品处理方式、分析方法、质控措施、分析结果、分析人姓名等。

④质控相关记录，包括质控结果报告单等。

11.2.2.2 自动监测运维记录

自动监测的正确运行需要定期进行校准、校验和日常运行维护，校准、校验和日常运行维护开展情况直接决定了自动监测设备是否能够稳定正常运行，而通过检查运维公司对自动监测设备的运行维护记录，可以对自动监测设备日常运行状态进行初步判断。因此，排污单位或者负责运行维护的公司要如实记录对自动监测设备的运行维护情况，具体包括自动监测系统运行状况、系统辅助设备运行状况、系统校准、校验工作等，仪器说明书及相关标准规范中规定的其他检查项目，如校准、维护保养、维修记录等。

11.2.2.3　生产和污染治理设施运行状况

首先，污染物排放状况与排污单位生产和污染治理设施运行状况密切相关，记录生产和污染治理设施运行状况，有利于更好地说清楚污染物排放状况。

其次，考虑到受监测能力的限制，无法做到全面连续监测，记录生产和污染治理设施运行状况可以辅助说明未监测时段的排放状况，同时也可以对监测数据是否具有代表性进行判断。

最后，由于监测结果可能受到仪器设备、监测方法等各种因素的影响，从而造成监测结果的不确定性，记录生产和污染治理设施运行状况，通过不同时段监测信息和其他信息的对比分析，可以对监测结果的准确性进行总体判断。

对于生产和污染治理设施运行状况，主要记录内容包括监测期间企业及各主要生产设施（至少涵盖废气主要污染源相关生产设施）运行状况（包括停机、启动情况）、产品产量、主要原辅料使用量、取水量、主要燃料消耗量、燃料主要成分、污染治理设施主要运行状态参数、污染治理主要药剂消耗情况等。日常生产中上述信息也须整理成台账保存备查。

11.2.2.4　工业固体废物产生与处理状况

工业固体废物作为重要的环境管理要素，排污单位应对一般工业固体废物和危险废物的产生、处理情况进行记录，同时一般工业固体废物和危险废物信息也可以作为废水、废气污染物产生排放的辅助信息。关于一般工业固体废物和危险废物的记录内容包括各类一般工业固体废物和危险废物的产生量、综合利用量、处置量、贮存量，危险废物还应详细记录其具体去向。

11.3　生产和污染治理设施运行状况

应详细记录企业以下几种生产及污染治理设施运行状况，日常生产中也应参照以下内容记录相关信息，并整理成台账保存备查。

11.3.1　生产运行状况记录

根据厂区内生产布置和生产运行实际情况，记录厂内每条生产线的原辅材料用量和产量情况。若厂内不同生产线原辅材料交叉使用，且无法估算各生产线的原辅材料使用量或产量，也可以合起来进行记录，但要进行说明。

取水量（新鲜水）指调查年度从各种水源提取的并用于工业生产活动的水量总和，包括城市自来水用量、自备水（地表水、地下水和其他水）用量、水利工程供水量，以及企业从市场购得的其他水（如其他企业回用水量）。工业生产活动用水主要包括工业生产用水、辅助生产（包括机修、运输等）用水。厂区附属生活用水（厂内绿化、职工食堂、生活区居民家庭用水等的用水量）如果单独计量且生活污水不与工业废水混排的水量不计入取水量。

主要原辅料（黏土、页岩、煤矸石、粉煤灰、砂石、石灰、水泥等）使用量，根据本厂实际从外购买的原辅材料进行整理记录，重点记录与污染物产生相关的原辅材料使用情况。

砖瓦制品产量。根据排污单位实际生产情况，记录砖瓦的产量。

11.3.2　污水处理运行状况记录

为了佐证废水监测数据情况，按日记录废水处理量、废水回用量、废水排放量、综合污泥产生量（记录含水率）、废水处理使用的药剂名称及用量、鼓风机电量等；记录污水处理设施运行、故障及维护情况。

11.3.3　废气处理运行状况记录

为了佐证废气监测数据情况，按日记录废气排放量、污染物排放浓度、使用药剂名称及使用量、设备电量等；记录废气处理设施运行、故障及维护情况。

11.4　固体废物产生和处理情况

记录一般工业固体废物和危险废物的产生量、综合利用量、处置量、贮存量，危险废物还应详细记录其具体去向，原料或辅助工序中产生的其他危险废物的情况也应进行记录。

危险废物应严格执行危险废物相关管理记录与报告要求。根据生态环境部《关于推进危险废物环境管理信息化有关工作的通知》（环办固体函〔2020〕733 号）和《关于进一步推进危险废物环境管理信息化有关工作的通知》（环办固体函〔2022〕230 号）的要求，排污单位应强化主体责任意识，危险废物产生单位应按照国家有关规定通过"全国固体废物管理信息系统"定期申报危险废物的种类、产生量、流向、贮存、处置等有关资料；危险废物转移单位，应当通过国家固体废物信息系统填写、运行危险废物电子转移联单；危险废物处置单位应按照国家有关规定，通过国家固体废物信息系统如实报告危险废物利用处置情况。

对于委托外单位处置利用一般工业固体废物或者危险废物的，以及接收外单位一般工业固体废物或者危险废物的，应详细记录固体废物处理处置情况。对于自行综合利用、自行处置一般工业固体废物和危险废物的，还应当对本单位所拥有的处置场、焚烧装置等综合利用和处置设施及运行情况进行记录。

固体废物的记录可参照《排污许可证申请与核发技术规范　工业固体废物（试行）》（HJ 1200—2021）的相关要求。

11.5　信息报告及信息公开

11.5.1　信息报告要求

为了排污单位更好地掌握本单位实际排污状况，也便于更好地对公众说明本单位的排污状况和监测情况，排污单位应编写自行监测年度报告，年度报告至少应包含以下内容：

①监测方案的调整变化情况及变更原因。

②企业及各主要生产设施（至少涵盖废气主要污染源相关生产设施）全年运行天数，各监测点、各监测指标全年监测次数、超标情况、浓度分布情况。

③按要求开展的周边环境质量影响状况监测结果。

④自行监测开展的其他情况说明。

⑤排污单位实现达标排放所采取的主要措施。

自行监测年报不限于以上信息，任何有利于说明本单位自行监测情况和排放状况的信息，都可以写入自行监测年报中。另外，对于领取了排污许可证的排污单位，按照排污许可证管理要求，每年应提交年度执行报告，其中自行监测情况属于年度执行报告中的重要组成部分，排污单位可以将自行监测年报作为年度执行报告的一部分一并提交。

11.5.2　应急报告要求

由于排污单位非正常排放会对环境或者污水处理设施产生影响，因此对于监测结果出现超标的，排污单位应加密监测，并检查超标原因。短期内无法实现稳定达标排放的，应向生态环境主管部门提交事故分析报告，说明事故发生的原因，采取减轻或防止污染的措施，以及今后的预防及改进措施等；若因发生事故或者其他突发事件，排放的污水可能危及城镇排水与污水处理设施安全运行的，应当立即采取措施消除危害，并及时向城镇排水主管部门和生态环境主管部门等有关部门报告。

11.5.3　信息公开要求

排污单位应根据排污许可证、《企业事业单位环境信息公开办法》（环境保护部令　第 31 号）及《国家重点监控企业自行监测及信息公开办法（试行）》（环发

〔2013〕81 号）执行进行信息公开，同时排污单位还可以采取其他便于公众获取的方式进行信息公开。

信息公开应重点考虑两类群体的信息需求：一是排污单位周围居民的信息需求，周边居民是污染排放的直接对象，最关心污染物排放状况对自身及环境的影响，因此对污染物排放状况及周边环境质量状况有强烈的需求；二是排污单位同类行业或者其他相关者的信息需求，同一行业不同排污单位之间存在一定的竞争关系，当然都希望在污染治理上得到相对公平的待遇，因此会格外关心同行的排放状况，对同行业其他排污单位的排放状况信息有同行监督需求。

为了照顾这两类群体的信息需求，信息公开的方式应该便于这两类群体获取。排污单位可以通过在厂区外或当地媒体上发布监测信息，使周边居民及时了解排污单位的排放状况，这类信息公开相对灵活，便于周边居民获取信息。而为了实现同行监督和一些公益组织的监督，也为了便于政府监督，有组织的信息公开方式更有效率。目前，生态环境部通过"排污许可证信息管理平台"开展排污许可证申请、核发及排污许可证执行情况管理与信息公开，排污单位在平台上填报自行监测信息后可实现统一公开。

第 12 章　自行监测手工数据报送

为了方便排污单位信息报送和管理部门收集相关信息，受生态环境部生态环境监测司委托，中国环境监测总站组织开发了"全国污染源监测数据管理与共享系统"。为落实《排污许可管理条例》第二十三条信息公开有关规定，全国污染源监测数据管理与共享系统和全国排污许可证管理信息平台实现了互联互通，排污单位登录全国排污许可证管理信息平台，通过"监测记录"模块跳转至全国污染源监测数据管理与共享系统填报自行监测手工数据结果。自行监测手工数据填报完成后，排污单位在全国排污许可证管理信息平台查看自行监测手工数据信息公开内容。

12.1　自行监测手工数据报送系统总体架构设计

根据《关于印发 2015 年中央本级环境监测能力建设项目建设方案的通知》（环办函〔2015〕1596 号），中国环境监测总站负责建设"全国污染源监测数据管理与共享系统"，面向企业用户、环保用户、委托机构用户、系统管理用户 4 类用户，针对各自不同业务需求，系统提供数据采集、监测业务管理、数据查询与分析、决策支持、数据采集移动终端、企业自行监测知识库、排放标准管理、个人工作台、统一应用支撑、数据交换等功能。

另外，面向其他污染源监测信息采集系统（包括部级建设的固定污染源系统、全国排污许可证管理信息平台、各省重点污染源监测系统）使用数据交换平台进行数据交换，减少企业重复填报。系统总体架构如图 12-1 所示。

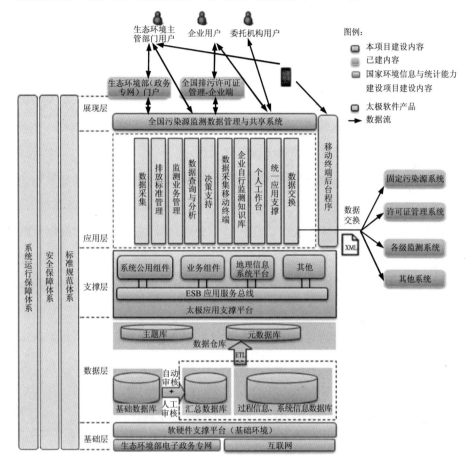

图 12-1　系统总体架构

　　系统总体架构采用 SOA 面向服务的五层三体系的标准成熟电子政务框架设计，以总线为基础，依托公共组件、通用业务组件和开发工具实现应用系统快速开发和系统集成。系统由基础层、数据层、支撑层、应用层、展现层五层及贯穿项目始终保障项目顺利实施和稳定安全运行的系统运行保障体系、安全保障体系及标准规范体系构成。

基础层：在利用监测总站现有的软硬件及网络环境的基础上配置相应的系统运行所需软硬件设备及安全保障设备。

数据层：建设项目的基础数据库、元数据库，并在此基础上建设主题数据库、空间数据库提供数据挖掘和决策支持。数据库依据原环境保护部相关标准及能力建设项目的数据中心相关标准建设。

支撑层：在应用支撑平台企业总线及相关公共组件的基础上，建设本系统的组件，为系统提供足够的灵活性和扩展性，为应用集成提供灵活的框架，也为将来业务变化引起的系统变化提供快速调整的支撑。

应用层：通过 ESB、数据交换实现与包括部级建设的固定污染源系统、全国排污许可证管理信息平台、各省（区、市）污染源监测系统在内的其他系统对接。

展现层：面向生态环境主管部门用户、企业用户及委托机构用户提供互联网访问服务。

标准规范体系：制定全国污染源监测数据管理与共享系统数据交换标准规范，确保各应用系统按照统一的数据标准进行数据交换。

为保持系统安全稳定运行，同步配套设计和建设了安全保障体系和系统运行保障体系。

12.2 自行监测手工数据报送系统应用层设计

"全国污染源监测数据管理与共享系统"提供的业务应用包括数据采集、监测业务管理、数据查询与分析、决策支持、数据采集移动终端、企业自行监测知识库、排放标准管理、个人工作台、统一应用支撑及数据交换 10 个子系统。系统功能架构见图 12-2。

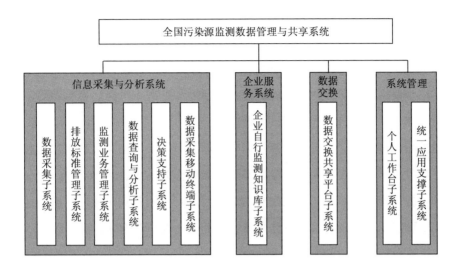

图 12-2 系统功能架构

①数据采集：主要对企业自行监测手工数据和管理部门开展的执法监测数据进行采集。面向全国已核发排污许可证的企业采集监测数据，提供信息填报、审核、查询、发布功能，并形成关联以持续监督。

系统能够满足各级生态环境主管部门录入执法监测数据、质控抽测数据、监督检查信息与结果、监测站标准化建设情况、环境执法与监管情况等。企业的基础信息由全国排污许可证管理信息平台直接获取，在系统中不可更改。企业自行监测方案由全国排污许可证管理信息平台直接获取，生态环境主管部门不再进行审核，企业自主确定自行监测方案执行时间。自行监测方案中除许可不包括要素外，其余要素在系统中不可更改。由于来源数据的采集频次和采集方式不同，系统能够提供不同的数据接入方式。

②监测业务管理：根据管理要求，汇总监测体系建设运行总体情况，生成表格。实现按时间、空间、行业、污染源类型等统计应开展监测的企业数量、不具备监测条件的企业数量及原因、实际开展监测的企业数量以及监测点位数量、监测指标数量等各指标的具体情况。

③数据查询与分析：查询条件可以保存为查询方案，查询时可调用查询方案进行查询。

④决策支持：系统除采用基本的数据分析方法外，可支持 OLAP 等分析技术，对数据中心数据的快速分析访问，向用户显示重要的数据分类、数据集合、数据更新的通知以及用户自己的数据订阅等信息。

提供环保搜索功能，用户可按权限快速查询各类环境信息，也可以直接从系统进行汇总、平均或读取数据，实现多维数据结构的灵活表现。

⑤数据采集移动终端：数据采集移动端帮助环保用户随时随地了解企业情况并上报检查信息，提高污染源数据采集信息的及时性和准确性。

⑥企业自行监测知识库：企业自行监测知识库系统对排污单位提供自行监测相关的法律法规、政策文件、排放标准、监测技术规范和方法、自行监测方案范例、相关处罚案例等查询服务，帮助和指导企业做好自行监测工作。

⑦排放标准管理：提供排放标准的维护管理和达标评价功能。管理用户可以对标准进行增、删、改、查操作，以保持标准为最新版本。提供接口，数据录入编辑和数据进行发布时均可调用该接口判定该数据是否超标，超标的给予提示并按超标比例的不同给出不同颜色提醒。

⑧个人工作台：包括信息提醒（邮件和短信）、通知管理、数据报送情况查询、数据校验规则设置与管理等。为不同用户提供针对性强的用户体验，方便用户使用。

⑨统一应用支撑：实现系统维护相关功能，系统维护人员和数据管理人员基于这些功能对数据采集和服务进行管理，综合信息管理主要包括系统管理、个人工作管理、数据管理等方面的功能。

⑩数据交换：建立数据交换共享平台，实现系统中各子系统间的内部数据交换，以及实现与外部系统的数据交换。

内部交换包括采集子系统与查询分析子系统，各子系统与信息发布子系统之间进行数据交换。

　　外部交换主要是与其他信息系统的数据对接，依据能力建设项目的相关标准制定监测数据标准、交换的工作流程标准、安全标准及交换运行保障标准等标准，制定统一的数据接口供各地现行污染源监测信息管理与数据共享。各相关系统按数据标准生成数据 XML 文件通过接口传递到本系统解析入库，以实现与本系统的互联互通，减少企业重复录入，提高数据质量。

12.3　自行监测手工数据报送系统报送方式和内容

12.3.1　报送方式

　　排污单位自行监测手工数据报送方式为登录全国排污许可证管理信息平台，通过"监测记录"模块跳转至全国污染源监测数据管理与共享系统填报自行监测手工数据结果。自行监测手工数据填报完成后，在全国排污许可证管理信息平台查看自行监测手工数据信息公开内容。自行监测手工数据报送流程如图 12-3 所示。

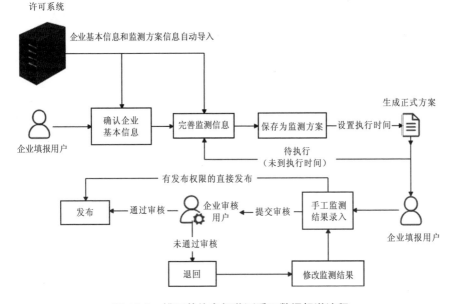

图 12-3　排污单位自行监测手工数据报送流程

12.3.2 具体流程

企业相关基础信息由全国排污许可证管理信息平台直接获取，在系统中不可更改。由全国排污许可证管理信息平台直接获取的企业自行监测方案相关要素（废气、废水、无组织）在系统中不可更改，企业可补充完善自信监测方案中的其他要素（周边环境、厂界噪声）。自行监测方案补充完善后，生态环境主管部门不再进行审核，企业自主确定自行监测方案执行时间。

自行监测数据的填报流程。自行监测方案到企业自主设定的执行时间后，企业按监测方案开展监测并按要求填报自行监测手工数据结果，手工监测数据须经过企业内部审核，审核通过的进行发布，不通过的退回企业填报用户修改。具有审核权限的填报用户也可以直接发布。

12.3.3 具体内容

①企业基本信息：企业名称、社会信用代码、组织机构代码（与统一社会信用代码二选一）、行业类别、企业注册地址、企业生产地址、企业地理位置、流域信息、环保联系人及其联系方式、法人代表人及其联系方式、技术负责人等信息由全国排污许可证管理信息平台直接获取，在系统中不可修改。如发现上述信息错误，应通过全国排污许可证管理信息平台进行修改完善。

②监测方案信息：废气监测、废水监测、无组织监测等排污许可证中明确了自行监测相关要求的各项内容来源于全国排污许可证管理信息平台，在系统中不可更改。如发现上述信息错误，应通过全国排污许可证管理信息平台进行修改完善。许可证中未载明的周边环境监测和厂界噪声监测相关内容可在系统中进行补充完善。

③监测数据：各监测点位开展监测的各项污染物的排放浓度、相关参数信息、未监测原因等。

12.4　自行监测信息完善

12.4.1　监测方案信息完善

排污单位自行监测方案信息（废气、废水、无组织监测）自动从全国排污许可证管理信息平台导入本系统中，排污许可证未载明的周边环境和厂界噪声自行监测要求企业可在本系统补充完善。

企业用户在系统主界面进入"数据采集"—"企业信息填报"—"监测方案信息"。在【选择方案版本】中如果选择"版本号名称"即可查看相应版本号的监测信息。如果想修改监测信息，点击右侧【加载该版本】即可，然后在【选择方案版本】处选择【当前编辑】。修改的过程可参照下面介绍的录入过程。录入新的监测信息，应在【选择方案版本】处选择【当前编辑】，然后点击右侧的【编辑】按钮进行编辑，如图 12-4 所示。

图 12-4　企业监测方案信息加载界面

在监测方案信息当前编辑中，会有从全国排污许可证管理信息平台同步过来的监测方案信息，包含相关排放设备、监测点、监测项目、排放标准、限值、监测频次等信息，如图 12-5 所示。

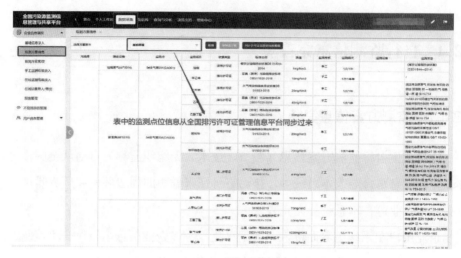

图 12-5 许可证系统导入企业的监测方案信息界面

12.4.1.1 周边环境和厂界噪声监测信息录入

（1）添加周边环境和厂界噪声监测点

在编辑页面下，点击周边环境和厂界噪声监测点右上方的【增加监测点】，弹出监测点新增页面。输入【排序序号】【监测点名称】【监测点编号】，选择【经度】【纬度】【开始时间】【结束时间】，周边环境还需选择【监测类型】。点击【新增标准】弹出新增标准页面，新增标准成功后，点击【提交】按钮回到新增监测点页面，在此页面确定填写完全部信息后，点击【立即提交】按钮即可。这 3 类监测点的新增页面类似，如图 12-6、图 12-7 所示。

图 12-6 新增周边环境监测点信息

图 12-7　新增厂界噪声监测点信息

（2）添加周边环境和厂界噪声监测项目

一个监测点可能有多个监测项目，在添加完【监测点】之后，点击【增加项目】，弹出监测项目新增页面，录入相关信息，如图 12-8 所示。

图 12-8　新增监测项目信息

（3）修改周边环境和厂界噪声监测信息项目

修改周边环境和厂界噪声监测点、监测项目时，点击相应的名称，即可进入修改页面，修改过程可参照本小节第（1）、（2）部分的新增过程，如图 12-9 所示。

图 12-9   修改监测项目信息

（4）删除周边环境和厂界噪声监测信息项目

修改周边环境和厂界噪声监测点、监测项目时，点击相应名称右侧的【删除】
按钮即可，如图 12-10 所示。

图 12-10   删除监测项目信息

12.4.1.2   完成监测方案

周边环境和厂界噪声监测信息录入完成后，点击页面上的【保存成方案】按
钮，会弹出新建监测方案页面，输入【方案名称】【方案版本】等，选择【公开开
始时间】【公开结束时间】【编制日期】，上传【单位平面图】【监测点位示意图】，
设置方案开始执行时间，最后可点击暂存或者生成正式方案按钮，如图 12-11、
图 12-12 所示。

图 12-11　监测方案内容

图 12-12　监测方案基本信息

12.4.1.3　监测方案管理

企业用户在系统主界面进入"数据采集"—"企业信息填报"—"监测方案管理"。

（1）查看

根据查询列表结果，点击每条数据右侧的查看 🔍 按钮，即可查看方案的部分信息，如图 12-13 所示。

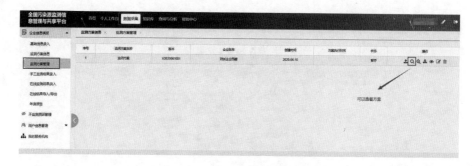

图 12-13　查看监测方案位置

进入监测方案查看信息页面后，点击右下方的【查看详情】按钮均可查看相应的详细信息，如图 12-14、图 12-15 所示。

图 12-14　监测方案下载

图 12-15　监测方案内容查看

（2）修改

针对方案状态【暂存】的情况可以对方案进行修改，点击右侧的修改按钮，可对方案基本信息进行修改，修改完成后点击生成正式方案按钮，如图 12-16 所示。

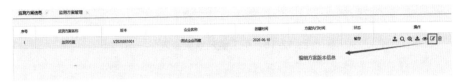

图 12-16　监测方案修改

（3）删除

针对方案状态【暂存】的情况可以对方案进行删除，点击右侧的删除按钮，即可对方案进行删除，如图 12-17 所示。

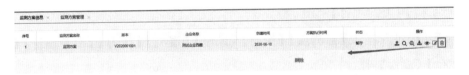

图 12-17　删除监测方案

12.4.2　监测数据录入

企业填报账户登录系统进入主界面"数据采集"—"企业信息填报"—"手工监测结果录入"。到达企业自主设定的方案开始执行时间后，方案正式生效，企业可针对监测项目，录入手工监测结果。

（1）录入手工监测结果

针对相应监测项目，选择需要录入手工监测结果的采样日期，"黄色"代表未填报完成，"绿色"代表填报完成，"橘色"代表未填报完成且超期，"红色矩形框"代表有超标数据，如图 12-18 所示。

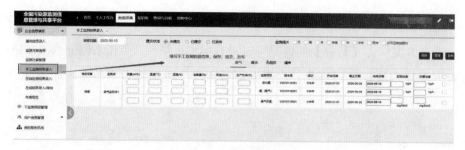

图 12-18　手工监测结果录入

企业选择完填报日期后，可选择不同的提交状态：【未提交】【已提交】【已发布】，下方会有【废水】【废气】【无组织】【周边环境】【噪声】中的一项或多项。

废水录入项有【监测点】【流量】【工作负荷】【监测项目】【频次单位】【频次】【截止日期】【监测结果】【备注原因】。

废气录入项有【排放设备】【监测点】【流量】【温度】【湿度】【含氧量】【流速】【生产负荷】【监测项目】等。

无组织录入项有【监测点】【风向】【风速】【温度】【压力】【监测项目】【频次单位】【频次】等。

周边环境录入项有【环境空气监测点】【湿度】【气温】【气压】【风速】【风向】【监测项目】【频次单位】等。

若录入的监测结果浓度超过标准值，文本所在输入框会变成红色，标识结果超标，如图 12-19 所示。

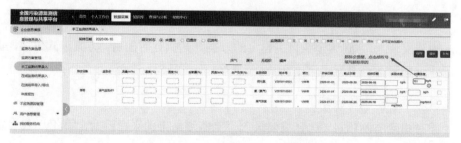

图 12-19　手工监测结果超标提醒

（2）保存手工监测结果

此功能用于保存填报用户填完的手工监测结果，但不提交审核。只需在填报信息后，点击【保存】按钮，之前录入的信息即进行保存，如图 12-20 所示。

图 12-20　手工监测结果保存

（3）提交审核手工监测结果

此功能用于填报用户提交手工监测结果，针对需要提交的手工监测结果，在每条记录右侧或者全选旁的选择框 ▢ 下进行勾选，再点击上方的【立即提交】按钮即可，如图 12-21 所示。

图 12-21　手工监测结果提交

（4）发布

此功能用于企业审核用户，对提交的手工监测结果进行发布处理。针对【提交状态】为【已提交】的手工监测结果，对需要发布的监测结果，在每条记录右侧或者全选旁的选择框 ▢ 下进行勾选，然后点击【发布】按钮对其进行发布，如图 12-22 所示。

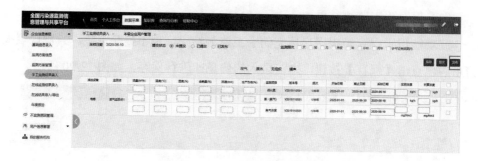

图 12-22   手工监测结果发布

（5）修改已发布数据

企业填报用户可以对已发布的手工数据进行修改，点击结果数据记录右侧的
【修改】按钮，修改数据信息，即可完成修改，如图 12-23 所示。

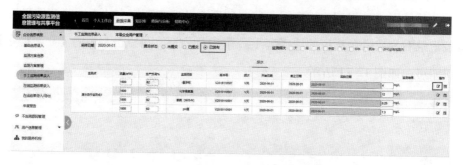

图 12-23   修改已发布手工监测结果

12.4.3   监测数据信息公开

企业审核用户对提交的手工监测结果进行发布处理后的次日，全国排污许可
证管理信息平台公开企业自行监测手工数据。信息公开内容条目分为废气、废水、
无组织、周边环境和厂界噪声，具体内容包括企业名称、监测点名称、监测项目
名称、采样/监测时间、浓度等，如图 12-24 所示。

自行监测信息

监测时间　2022 ▾

| 废气 | 废水 | 无组织 | 周边环境 | 噪声 |

企业名称	监测点名称	项目名称	实测浓度	折算浓度	采样时间	监测项目单位
	废气监测点1(DA008)	氯	4.19	4.08	2022-01-17	mg/Nm3
	废气监测点1(DA008)	氰化氢	9.29	9.04	2022-01-17	mg/Nm3
	废气监测点1(DA008)	氟化氢	0.66	0.64	2022-01-17	mg/Nm3
	废气监测点1(DA008)	汞及其化合物	0	0	2022-01-17	mg/Nm3
	废气监测点1(DA008)	铊、镉、铅、砷及其化合物	0	0	2022-01-17	mg/Nm3

图 12-24　自行监测手工数据结果信息公开

附 录

附录1

排污单位自行监测技术指南 总则

（HJ 819—2017）

前言

为落实《中华人民共和国环境保护法》《中华人民共和国大气污染防治法》《中华人民共和国水污染防治法》，指导和规范排污单位自行监测工作，制定本标准。

本标准提出了排污单位自行监测的一般要求、监测方案制定、监测质量保证和质量控制、信息记录和报告的基本内容和要求。

本标准为首次发布。

本标准由环境保护部环境监测司、科技标准司提出并组织制订。

本标准主要起草单位：中国环境监测总站。

本标准环境保护部 2017 年 4 月 25 日批准。

本标准自 2017 年 6 月 1 日起实施。

本标准由环境保护部解释。

1 适用范围

本标准提出了排污单位自行监测的一般要求、监测方案制定、监测质量保证和质量控制、信息记录和报告的基本内容和要求。

排污单位可参照本标准在生产运行阶段对其排放的水、气污染物,噪声以及对其周边环境质量影响开展监测。

本标准适用于无行业自行监测技术指南的排污单位;行业自行监测技术指南中未规定的内容按本标准执行。

2 规范性引用文件

本标准引用了下列文件或其中的条款。凡是未注明日期的引用文件,其最新版本适用于本标准。

GB 12348 工业企业厂界环境噪声排放标准

GB/T 16157 固定污染源排气中颗粒物测定与气态污染物采样方法

HJ 2.1 环境影响评价技术导则 总纲

HJ 2.2 环境影响评价技术导则 大气环境

HJ/T 2.3 环境影响评价技术导则 地面水环境

HJ 2.4 环境影响评价技术导则 声环境

HJ/T 55 大气污染物无组织排放监测技术导则

HJ/T 75 固定污染源烟气排放连续监测技术规范(试行)

HJ/T 76 固定污染源烟气排放连续监测系统技术要求及检测方法(试行)

HJ/T 91 地表水和污水监测技术规范

HJ/T 92 水污染物排放总量监测技术规范

HJ/T 164 地下水环境监测技术规范

HJ/T 166 土壤环境监测技术规范

HJ/T 194 环境空气质量手工监测技术规范

HJ/T 353 水污染源在线监测系统安装技术规范（试行）

HJ/T 354 水污染源在线监测系统验收技术规范（试行）

HJ/T 355 水污染源在线监测系统运行与考核技术规范（试行）

HJ/T 356 水污染源在线监测系统数据有效性判别技术规范（试行）

HJ/T 397 固定源废气监测技术规范

HJ 442 近岸海域环境监测规范

HJ 493 水质 样品的保存和管理技术规定

HJ 494 水质 采样技术指导

HJ 495 水质 采样方案设计技术规定

HJ 610 环境影响评价技术导则 地下水环境

HJ 733 泄漏和敞开液面排放的挥发性有机物检测技术导则

《企业事业单位环境信息公开办法》（环境保护部令 第 31 号）

《国家重点监控企业自行监测及信息公开办法（试行）》（环发〔2013〕81 号）

3 术语和定义

下列术语和定义适用于本标准。

3.1 自行监测 self-monitoring

指排污单位为掌握本单位的污染物排放状况及其对周边环境质量的影响等情况，按照相关法律法规和技术规范，组织开展的环境监测活动。

3.2 重点排污单位 key pollutant discharging entity

指由设区的市级及以上地方人民政府环境保护主管部门商有关部门确定的本行政区域内的重点排污单位。

3.3 外排口监测点位 emission site

指用于监测排污单位通过排放口向环境排放废气、废水（包括向公共污水处理系统排放废水）污染物状况的监测点位。

3.4 内部监测点位 internal monitoring site

指用于监测污染治理设施进口、污水处理厂进水等污染物状况的监测点位，或监测工艺过程中影响特定污染物产生排放的特征工艺参数的监测点位。

4 自行监测的一般要求

4.1 制定监测方案

排污单位应查清所有污染源，确定主要污染源及主要监测指标，制定监测方案。监测方案内容包括：单位基本情况、监测点位及示意图、监测指标、执行标准及其限值、监测频次、采样和样品保存方法、监测分析方法和仪器、质量保证与质量控制等。

新建排污单位应当在投入生产或使用并产生实际排污行为之前完成自行监测方案的编制及相关准备工作。

4.2 设置和维护监测设施

排污单位应按照规定设置满足开展监测所需要的监测设施。废水排放口，废气（采样）监测平台、监测断面和监测孔的设置应符合监测规范要求。监测平台应便于开展监测活动，应能保证监测人员的安全。

废水排放量大于 100 t/d 的，应安装自动测流设施并开展流量自动监测。

4.3 开展自行监测

排污单位应按照最新的监测方案开展监测活动，可根据自身条件和能力，利用自有人员、场所和设备自行监测；也可委托其他有资质的检（监）测机构代其开展自行监测。

持有排污许可证的企业自行监测年度报告内容可以在排污许可证年度执行报告中体现。

4.4 做好监测质量保证与质量控制

排污单位应建立自行监测质量管理制度，按照相关技术规范要求做好监测质量保证与质量控制。

4.5 记录和保存监测数据

排污单位应做好与监测相关的数据记录，按照规定进行保存，并依据相关法规向社会公开监测结果。

5 监测方案制定

5.1 监测内容

5.1.1 污染物排放监测

包括废气污染物（以有组织或无组织形式排入环境）、废水污染物（直接排入环境或排入公共污水处理系统）及噪声污染等。

5.1.2 周边环境质量影响监测

污染物排放标准、环境影响评价文件及其批复或其他环境管理有明确要求的，排污单位应按照要求对其周边相应的空气、地表水、地下水、土壤等环境质量开展监测；其他排污单位根据实际情况确定是否开展周边环境质量影响监测。

5.1.3 关键工艺参数监测

在某些情况下，可以通过对与污染物产生和排放密切相关的关键工艺参数进行测试以补充污染物排放监测。

5.1.4 污染治理设施处理效果监测

若污染物排放标准等环境管理文件对污染治理设施有特别要求的，或排污单位认为有必要的，应对污染治理设施处理效果进行监测。

5.2 废气排放监测

5.2.1 有组织排放监测

5.2.1.1 确定主要污染源和主要排放口

符合以下条件的废气污染源为主要污染源：

a）单台出力 14 MW 或 20 t/h 及以上的各种燃料的锅炉和燃气轮机组；

b）重点行业的工业炉窑（水泥窑、炼焦炉、熔炼炉、焚烧炉、熔化炉、铁矿烧结炉、加热炉、热处理炉、石灰窑等）；

c）化工类生产工序的反应设备（化学反应器/塔、蒸馏/蒸发/萃取设备等）；

d）其他与上述所列相当的污染源。

符合以下条件的废气排放口为主要排放口：

a）主要污染源的废气排放口；

b）"排污许可证申请与核发技术规范"确定的主要排放口；

c）对于多个污染源共用一个排放口的，凡涉及主要污染源的排放口均为主要排放口。

5.2.1.2 监测点位

a）外排口监测点位：点位设置应满足 GB/T 16157、HJ 75 等技术规范的要求。净烟气与原烟气混合排放的，应在排气筒或烟气汇合后的混合烟道上设置监测点位；净烟气直接排放的，应在净烟气烟道上设置监测点位，有旁路的旁路烟道也应设置监测点位。

b）内部监测点位设置：当污染物排放标准中有污染物处理效果要求时，应在进入相应污染物处理设施单元的进出口设置监测点位。当环境管理文件有要求，或排污单位认为有必要的，可设置开展相应监测内容的内部监测点位。

5.2.1.3 监测指标

各外排口监测点位的监测指标应至少包括所执行的国家或地方污染物排放（控制）标准、环境影响评价文件及其批复、排污许可证等相关管理规定明确要求的污染物指标。排污单位还应根据生产过程的原辅用料、生产工艺、中间及最终产品，确定是否排放纳入相关有毒有害或优先控制污染物名录中的污染物指标，或其他有毒污染物指标，这些指标也应纳入监测指标。

对于主要排放口监测点位的监测指标，符合以下条件的为主要监测指标：

a）二氧化硫、氮氧化物、颗粒物（或烟尘/粉尘）、挥发性有机物中排放量较大的污染物指标；

b）能在环境或动植物体内积蓄对人类产生长远不良影响的有毒污染物指标（存在有毒有害或优先控制污染物相关名录的，以名录中的污染物指标为准）；

c）排污单位所在区域环境质量超标的污染物指标。

内部监测点位的监测指标根据点位设置的主要目的确定。

5.2.1.4　监测频次

a）确定监测频次的基本原则。

排污单位应在满足本标准要求的基础上，遵循以下原则确定各监测点位不同监测指标的监测频次：

1）不应低于国家或地方发布的标准、规范性文件、规划、环境影响评价文件及其批复等明确规定的监测频次；

2）主要排放口的监测频次高于非主要排放口；

3）主要监测指标的监测频次高于其他监测指标；

4）排向敏感地区的应适当增加监测频次；

5）排放状况波动大的，应适当增加监测频次；

6）历史稳定达标状况较差的需增加监测频次，达标状况良好的可以适当降低监测频次；

7）监测成本应与排污企业自身能力相一致，尽量避免重复监测。

b）原则上，外排口监测点位最低监测频次按照表1执行。废气烟气参数和污染物浓度应同步监测。

表 1　废气监测指标的最低监测频次

排污单位级别	主要排放口		其他排放口的监测指标
	主要监测指标	其他监测指标	
重点排污单位	月—季度	半年—年	半年—年
非重点排污单位	半年—年	年	年

注：为最低监测频次的范围，分行业排污单位自行监测技术指南中依据此原则确定各监测指标的最低监测频次。

c）内部监测点位的监测频次根据该监测点位设置目的、结果评价的需要、补充监测结果的需要等进行确定。

5.2.1.5　监测技术

监测技术包括手工监测、自动监测两种，排污单位可根据监测成本、监测指标以及监测频次等内容，合理选择适当的监测技术。

对于相关管理规定要求采用自动监测的指标，应采用自动监测技术；对于监测频次高、自动监测技术成熟的监测指标，应优先选用自动监测技术；其他监测指标，可选用手工监测技术。

5.2.1.6　采样方法

废气手工采样方法的选择参照相关污染物排放标准及 GB/T 16157、HJ/T 397 等执行。废气自动监测参照 HJ/T 75、HJ/T 76 执行。

5.2.1.7　监测分析方法

监测分析方法的选用应充分考虑相关排放标准的规定、排污单位的排放特点、污染物排放浓度的高低、所采用监测分析方法的检出限和干扰等因素。

监测分析方法应优先选用所执行的排放标准中规定的方法。选用其他国家、行业标准方法的，方法的主要特性参数（包括检出下限、精密度、准确度、干扰消除等）需符合标准要求。尚无国家和行业标准分析方法的，或采用国家和行业标准方法不能得到合格测定数据的，可选用其他方法，但必须做方法验证和对比实验，证明该方法主要特性参数的可靠性。

5.2.2　无组织排放监测

5.2.2.1　监测点位

存在废气无组织排放源的，应设置无组织排放监测点位，具体要求按相关污染物排放标准及 HJ/T 55、HJ 733 等执行。

5.2.2.2　监测指标

按本标准 5.2.1.3 执行。

5.2.2.3　监测频次

钢铁、水泥、焦化、石油加工、有色金属冶炼、采矿业等无组织废气排放较重的污染源，无组织废气每季度至少开展一次监测；其他涉及无组织废气排放的污染源每年至少开展一次监测。

5.2.2.4　监测技术

按本标准 5.2.1.5 执行。

5.2.2.5　采样方法

参照相关污染物排放标准及 HJ/T 55、HJ 733 执行。

5.2.2.6　监测分析方法

按本标准 5.2.1.7 执行。

5.3　废水排放监测

5.3.1　监测点位

5.3.1.1　外排口监测点位

在污染物排放标准规定的监控位置设置监测点位。

5.3.1.2　内部监测点位

按本标准 5.2.1.2 b）执行。

5.3.2　监测指标

符合以下条件的为各废水外排口监测点位的主要监测指标：

a）化学需氧量、五日生化需氧量、氨氮、总磷、总氮、悬浮物、石油类中排

放量较大的污染物指标;

　　b)污染物排放标准中规定的监控位置为车间或生产设施废水排放口的污染物指标,以及有毒有害或优先控制污染物相关名录中的污染物指标;

　　c)排污单位所在流域环境质量超标的污染物指标。

　　其他要求按本标准 5.2.1.3 执行。

5.3.3　监测频次

5.3.3.1　监测频次确定的基本原则

　　按本标准 5.2.1.4 a)执行。

5.3.3.2　原则上,外排口监测点位最低监测频次按照表 2 执行。各排放口废水流量和污染物浓度同步监测。

表2　废水监测指标的最低监测频次

排污单位级别	主要监测指标	其他监测指标
重点排污单位	日—月	季度—半年
非重点排污单位	季度	年

注:为最低监测频次的范围,在行业排污单位自行监测技术指南中依据此原则确定各监测指标的最低监测频次。

5.3.3.3　内部监测点位监测频次

　　按本标准 5.2.1.4 c)执行。

5.3.4　监测技术

　　按本标准 5.2.1.5 执行。

5.3.5　采样方法

　　废水手工采样方法的选择参照相关污染物排放标准及 HJ/T 91、HJ/T 92、HJ 493、HJ 494、HJ 495 等执行,根据监测指标的特点确定采样方法为混合采样方法或瞬时采样的方法,单次监测采样频次按相关污染物排放标准和 HJ/T 91 执行。污水自动监测采样方法参照 HJ/T 353、HJ/T 354、HJ/T 355、HJ/T 356 执行。

5.3.6　监测分析方法

　　按本标准 5.2.1.7 执行。

5.4 厂界环境噪声监测

5.4.1 监测点位

5.4.1.1 厂界环境噪声的监测点位置具体要求按 GB 12348 执行。

5.4.1.2 噪声布点应遵循以下原则：

　　a）根据厂内主要噪声源距厂界位置布点；

　　b）根据厂界周围敏感目标布点；

　　c）"厂中厂"是否需要监测根据内部和外围排污单位协商确定；

　　d）面临海洋、大江、大河的厂界原则上不布点；

　　e）厂界紧邻交通干线不布点；

　　f）厂界紧邻另一排污单位的，在临近另一排污单位侧是否布点由排污单位协商确定。

5.4.2 监测频次

　　厂界环境噪声每季度至少开展一次监测，夜间生产的要监测夜间噪声。

5.5 周边环境质量影响监测

5.5.1 监测点位

　　排污单位厂界周边的土壤、地表水、地下水、大气等环境质量影响监测点位参照排污单位环境影响评价文件及其批复及其他环境管理要求设置。

　　如环境影响评价文件及其批复及其他文件中均未作出要求，排污单位需要开展周边环境质量影响监测的，环境质量影响监测点位设置的原则和方法参照 HJ 2.1、HJ 2.2、HJ/T 2.3、HJ 2.4、HJ 610 等规定。各类环境影响监测点位设置按照 HJ/T 91、HJ/T 164、HJ 442、HJ/T 194、HJ/T 166 等执行。

5.5.2 监测指标

　　周边环境质量影响监测点位监测指标参照排污单位环境影响评价文件及其批复等管理文件的要求执行，或根据排放的污染物对环境的影响确定。

5.5.3 监测频次

若环境影响评价文件及其批复等管理文件有明确要求的，排污单位周边环境质量监测频次按照要求执行。

否则，涉水重点排污单位地表水每年丰、平、枯水期至少各监测一次，涉气重点排污单位空气质量每半年至少监测一次，涉重金属、难降解类有机污染物等重点排污单位土壤、地下水每年至少监测一次。发生突发环境事故对周边环境质量造成明显影响的，或周边环境质量相关污染物超标的，应适当增加监测频次。

5.5.4 监测技术

按本标准 5.2.1.5 执行。

5.5.5 采样方法

周边水环境质量监测点采样方法参照 HJ/T 91、HJ/T 164、HJ 442 等执行。

周边大气环境质量监测点采样方法参照 HJ/T 194 等执行。

周边土壤环境质量监测点采样方法参照 HJ/T 166 等执行。

5.5.6 监测分析方法

按本标准 5.2.1.7 执行。

5.6 监测方案的描述

5.6.1 监测点位的描述

所有监测点位均应在监测方案中通过语言描述、图形示意等形式明确体现。描述内容包括监测点位的平面位置及污染物的排放去向等。废水监测点需明确其所在废水排放口、对应的废水处理工艺，废气排放监测点位需明确其在排放烟道的位置分布、对应的污染源及处理设施。

5.6.2 监测指标的描述

所有监测指标采用表格、语言描述等形式明确体现。监测指标应与监测点位相对应，监测指标内容包括每个监测点位应监测的指标名称、排放限值、排放限值的来源（如标准名称、编号）等。

国家或地方污染物排放（控制）标准、环境影响评价文件及其批复、排污许可证中的污染物，如排污单位确认未排放，监测方案中应明确注明。

5.6.3　监测频次的描述

监测频次应与监测点位、监测指标相对应，每个监测点位的每项监测指标的监测频次都应详细注明。

5.6.4　采样方法的描述

对每项监测指标都应注明其选用的采样方法。废水采集混合样品的，应注明混合样采样个数。废气非连续采样的，应注明每次采集的样品个数。废气颗粒物采样，应注明每个监测点位设置的采样孔和采样点个数。

5.6.5　监测分析方法的描述

对每项监测指标都应注明其选用的监测分析方法名称、来源依据、检出限等内容。

5.7　监测方案的变更

当有以下情况发生时，应变更监测方案：

a）执行的排放标准发生变化；

b）排放口位置、监测点位、监测指标、监测频次、监测技术任一项内容发生变化；

c）污染源、生产工艺或处理设施发生变化。

6　监测质量保证与质量控制

排污单位应建立并实施质量保证与控制措施方案，以自证自行监测数据的质量。

6.1　建立质量体系

排污单位应根据本单位自行监测的工作需求，设置监测机构，梳理监测方案制定、样品采集、样品分析、监测结果报出、样品留存、相关记录的保存等监测的各个环节中，为保证监测工作质量应制定工作流程、管理措施与监督措施，建立自行监测质量体系。

质量体系应包括对以下内容的具体描述：监测机构、人员、出具监测数据所需仪器设备、监测辅助设施和实验室环境、监测方法技术能力验证、监测活动质量控制与质量保证等。

委托其他有资质的检（监）测机构代其开展自行监测的，排污单位不用建立监测质量体系，但应对检（监）测机构的资质进行确认。

6.2 监测机构

监测机构应具有与监测任务相适应的技术人员、仪器设备和实验室环境，明确监测人员和管理人员的职责、权限和相互关系，有适当的措施和程序保证监测结果准确可靠。

6.3 监测人员

应配备数量充足、技术水平满足工作要求的技术人员，规范监测人员录用、培训教育和能力确认/考核等活动，建立人员档案，并对监测人员实施监督和管理，规避人员因素对监测数据正确性和可靠性的影响。

6.4 监测设施和环境

根据仪器使用说明书、监测方法和规范等的要求，配备必要的如除湿机、空调、干湿度温度计等辅助设施，以使监测工作场所条件得到有效控制。

6.5 监测仪器设备和实验试剂

应配备数量充足、技术指标符合相关监测方法要求的各类监测仪器设备、标准物质和实验试剂。

监测仪器性能应符合相应方法标准或技术规范要求，根据仪器性能实施自校准或者检定/校准、运行和维护、定期检查。

标准物质、试剂、耗材的购买和使用情况应建立台账予以记录。

6.6 监测方法技术能力验证

应组织监测人员按照其所承担监测指标的方法步骤开展实验活动，测试方法的检出浓度、校准（工作）曲线的相关性、精密度和准确度等指标，实验结果满足方法相应的规定以后，方可确认该人员实际操作技能满足工作需求，能够承担测试工作。

6.7 监测质量控制

编制监测工作质量控制计划，选择与监测活动类型和工作量相适应的质控方法，包括使用标准物质、采用空白实验、平行样测定、加标回收率测定等，定期进行质控数据分析。

6.8 监测质量保证

按照监测方法和技术规范的要求开展监测活动，若存在相关标准规定不明确但又影响监测数据质量的活动，可编写《作业指导书》予以明确。

编制工作流程等相关技术规定，规定任务下达和实施，分析用仪器设备购买、验收、维护和维修，监测结果的审核签发、监测结果录入发布等工作的责任人和完成时限，确保监测各环节无缝衔接。

设计记录表格，对监测过程的关键信息予以记录并存档。

定期对自行监测工作开展的时效性、自行监测数据的代表性和准确性、管理部门检查结论和公众对自行监测数据的反馈等情况进行评估，识别自行监测存在的问题，及时采取纠正措施。管理部门执法监测与排污单位自行监测数据不一致的，以管理部门执法监测结果为准，作为判断污染物排放是否达标、自动监测设施是否正常运行的依据。

7 信息记录和报告

7.1 信息记录

7.1.1 手工监测的记录

7.1.1.1 采样记录：采样日期、采样时间、采样点位、混合取样的样品数量、采样器名称、采样人姓名等。

7.1.1.2 样品保存和交接：样品保存方式、样品传输交接记录。

7.1.1.3 样品分析记录：分析日期、样品处理方式、分析方法、质控措施、分析结果、分析人姓名等。

7.1.1.4 质控记录：质控结果报告单。

7.1.2 自动监测运维记录

包括自动监测系统运行状况、系统辅助设备运行状况、系统校准、校验工作等；仪器说明书及相关标准规范中规定的其他检查项目；校准、维护保养、维修记录等。

7.1.3 生产和污染治理设施运行状况

记录监测期间企业及各主要生产设施（至少涵盖废气主要污染源相关生产设施）运行状况（包括停机、启动情况）、产品产量、主要原辅料使用量、取水量、主要燃料消耗量、燃料主要成分、污染治理设施主要运行状态参数、污染治理主要药剂消耗情况等。日常生产中上述信息也需整理成台账保存备查。

7.1.4 固体废物（危险废物）产生与处理状况

记录监测期间各类固体废物和危险废物的产生量、综合利用量、处置量、贮存量、倾倒丢弃量，危险废物还应详细记录其具体去向。

7.2 信息报告

排污单位应编写自行监测年度报告，年度报告至少应包含以下内容：

a）监测方案的调整变化情况及变更原因；

b）企业及各主要生产设施（至少涵盖废气主要污染源相关生产设施）全年运行天数，各监测点、各监测指标全年监测次数、超标情况、浓度分布情况；

c）按要求开展的周边环境质量影响状况监测结果；

d）自行监测开展的其他情况说明；

e）排污单位实现达标排放所采取的主要措施。

7.3 应急报告

监测结果出现超标的，排污单位应加密监测，并检查超标原因。短期内无法实现稳定达标排放的，应向环境保护主管部门提交事故分析报告，说明事故发生的原因，采取减轻或防止污染的措施，以及今后的预防及改进措施等；若因发生事故或者其他突发事件，排放的污水可能危及城镇排水与污水处理设施安全运行的，应当立即采取措施消除危害，并及时向城镇排水主管部门和环境保护主管部门等有关部门报告。

7.4 信息公开

排污单位自行监测信息公开内容及方式按照《企业事业单位环境信息公开办法》及《国家重点监控企业自行监测及信息公开办法（试行）》执行。非重点排污单位的信息公开要求由地方环境保护主管部门确定。

8 监测管理

排污单位对其自行监测结果及信息公开内容的真实性、准确性、完整性负责。排污单位应积极配合并接受环境保护行政主管部门的日常监督管理。

附录2

排污单位自行监测技术指南 砖瓦工业

（HJ 1254—2022）

前言

为贯彻《中华人民共和国环境保护法》《中华人民共和国大气污染防治法》《中华人民共和国水污染防治法》《中华人民共和国土壤污染防治法》《中华人民共和国固体废物污染环境防治法》《中华人民共和国噪声污染防治法》《排污许可管理条例》等法律法规，改善生态环境质量，指导和规范砖瓦工业排污单位的自行监测工作，制定本标准。

本标准规定了砖瓦工业排污单位自行监测的一般要求、监测方案制定、信息记录和报告的基本内容及要求。

本标准为首次发布。

本标准由生态环境部生态环境监测司、法规与标准司组织制订。

本标准主要起草单位：中国环境监测总站、河北省生态环境监测中心、江苏省南京环境监测中心、内蒙古自治区环境监测总站。

本标准生态环境部 2022 年 4 月 27 日批准。

本标准自 2022 年 7 月 1 日起实施。

本标准由生态环境部解释。

1 适用范围

本标准规定了砖瓦工业排污单位自行监测的一般要求、监测方案制定、信息记录和报告的基本内容及要求。

本标准适用于砖瓦工业排污单位在生产运行阶段对其排放的气、水污染物，噪声以及对周边环境质量影响开展自行监测。

本标准适用于以黏土、页岩、煤矸石、粉煤灰为主要原料的砖瓦烧结制品生产过程和以砂石、粉煤灰、石灰及水泥为主要原料的砖瓦非烧结制品生产过程的自行监测。利用淤泥（江河湖海淤泥）、污泥（城市污泥）、建筑垃圾等生产砖瓦制品的排污单位参照本标准执行。

配套动力锅炉的自行监测要求按照 HJ 820 执行。

2　规范性引用文件

本标准引用了下列文件或其中的条款。凡是注明日期的引用文件，仅注日期的版本适用于本标准。

凡是未注日期的引用文件，其最新版本（包括所有的修改单）适用于本标准。

GB/T 4754—2017　国民经济行业分类

GB 29620　砖瓦工业大气污染物排放标准

HJ/T 55　大气污染物无组织排放监测技术导则

HJ 819　排污单位自行监测技术指南　总则

HJ 820　排污单位自行监测技术指南　火力发电及锅炉

HJ 1200　排污许可证申请与核发技术规范　工业固体废物（试行）

《国家危险废物名录》

3　术语和定义

下列术语和定义适用于本标准。

3.1　砖瓦工业 brick and tile industry

通过原料制备、挤出（压制）成型、干燥、焙烧（蒸压）等生产过程，生产烧结砖瓦制品和非烧结砖瓦制品的工业，其行业分类为 GB/T 4754—2017 中的黏土砖瓦及建筑砌块制造（C 3031）。

3.2　砖瓦工业排污单位　brick and tile industry pollutant emission unit

从事砖瓦工业生产的排污单位。

4　自行监测的一般要求

排污单位应查清本单位的污染源、污染物指标及潜在的环境影响，制定监测方案，设置和维护监测设施，按照监测方案开展自行监测，做好质量保证和质量控制，记录和保存监测信息，依法向社会公开监测结果。

5　监测方案制定

5.1　废气排放监测

5.1.1　有组织废气排放监测

排污单位有组织废气排放监测点位、监测指标及最低监测频次按照表 1 执行。

表 1　有组织废气排放监测指标及最低监测频次

产污环节	监测点位	监测指标	监测频次
原辅料制备、成型及包装	粉碎、筛分、配料、混合搅拌、输送设备及其他通风生产设备排气筒	颗粒物	年
人工干燥及焙烧	焙烧窑及干燥室（窑）排气筒	颗粒物、二氧化硫、氮氧化物、臭气浓度 a	半年
		氟化物	年

注：1. 应按照相应分析方法、技术规范同步监测烟气参数。

　　2. 利用自然通风进行干燥且有独立排口的排气筒，参照其他通风生产设备排气筒开展自行监测。

　　a 适用于利用淤泥（江河湖海淤泥）、污泥（城市污泥）生产砖瓦制品的排污单位。

5.1.2　无组织废气排放监测

排污单位无组织废气排放监测点位设置应遵循 HJ/T 55、HJ 819 和 GB 29620 中的原则，其排放监测点位、监测指标及最低监测频次按照表 2 执行。

表2 无组织废气监测指标最低监测频次

监测点位	监测指标	监测频次
厂界	颗粒物、二氧化硫[a]、氟化物[a]、臭气浓度[b]	年

注：应同步监测气象参数。

  a 非烧结砖瓦制品生产线可不监测该指标。

  b 适用于利用淤泥（江河湖海淤泥）、污泥（城市污泥）生产砖瓦制品的排污单位。

5.2 废水排放监测

排污单位废水排放监测点位、监测指标及最低监测频次按照表 3 执行。

表3 废水排放口监测点位、监测指标及最低监测频次

监测点位	监测指标	监测频次
废水总排放口	流量、pH、化学需氧量、氨氮、悬浮物、五日生化需氧量、总磷	半年

5.3 厂界环境噪声监测

5.3.1 厂界环境噪声监测点位设置应遵循 HJ 819 中的原则，主要考虑粉碎机、搅拌机、风机等噪声源在厂区内的分布情况和周边噪声敏感建筑物的位置。

5.3.2 厂界环境噪声每半年至少开展一次昼、夜间噪声监测，监测指标为等效连续 A 声级。夜间有频发、偶发噪声影响时，同时测量频发、偶发最大声级。夜间不生产的可不开展夜间噪声监测。周边有噪声敏感建筑物的，应提高监测频次。

5.4 周边环境质量影响监测

5.4.1 法律法规等有明确要求的，按要求开展周边环境质量影响监测。

5.4.2 无明确要求的，若排污单位认为有必要的，可根据实际情况对周边环境质量开展监测。

5.5 其他要求

5.5.1 除表 1～表 3 中的污染物指标外，5.5.1.1 和 5.5.1.2 中的污染物指标也应纳入监测指标范围，并参照表 1～表 3 和 HJ 819 确定监测频次。

5.5.1.1 排污许可证、所执行的污染物排放（控制）标准、环境影响评价文件及

其批复［仅限 2015 年 1 月 1 日（含）后取得环境影响评价批复的排污单位］、相关环境管理规定明确要求的污染物指标。

5.5.1.2 排污单位根据生产过程的原辅用料、生产工艺、中间及最终产品类型、监测结果确定实际排放的，在有毒有害污染物名录或优先控制化学品名录中的污染物指标，或其他有毒污染物指标。

5.5.2 各指标的监测频次在满足本标准的基础上，可根据 HJ 819 中的确定原则提高监测频次。

5.5.3 采样方法、监测分析方法、监测质量保证与质量控制等按照 HJ 819 的相关要求执行。

5.5.4 监测方案的描述、变更按照 HJ 819 的规定执行。

6 信息记录和报告

6.1 信息记录

6.1.1 监测信息记录

手工监测记录和自动监测运维记录按照 HJ 819 执行。排污单位对自动监测数据的真实性、准确性负责，发现数据传输异常应当及时报告，并参照国家标准规范或自动监测数据异常标记规则执行。

6.1.2 生产和污染治理设施运行状况信息记录

6.1.2.1 一般规定

排污单位应详细记录监测期间生产及污染治理设施运行状况，日常生产中应参照 6.1.2.2～6.1.2.3 记录相关信息，并整理成台账保存备查。

6.1.2.2 生产运行状况记录

按生产批次或生产周期记录有产排污环节的主要生产设施运行状态、生产负荷、主要产品产量、原辅用料及燃料使用情况（包括种类、名称、用量）等数据。

6.1.2.3 污染治理设施运行状况记录

按班次记录废气处理使用的脱硫剂、脱硝剂等药剂的名称和用量，按更换批次记录除尘设施消耗材料的更换时间和数量，记录废气处理设施运行参数、故障及维护情况等；记录废水处理方式、去向及排放量等相关信息；记录噪声污染治理设施日常巡检、故障及维护或更换情况。

6.1.3 工业固体废物记录

根据 HJ 1200 记录工业固体废物相关信息。一般工业固体废物主要包括脱硫石膏、废渣、除尘灰等。可能产生的危险废物按照《国家危险废物名录》或危险废物鉴别标准和鉴别方法认定。

6.2 信息报告、应急报告、信息公开

按照 HJ 819 的规定执行。

7 其他

排污单位应如实记录手工监测期间的工况（包括生产负荷、污染治理设施运行情况等），确保监测数据具有代表性。自动监测期间的工况标记，按照国家标准规范和相关行业工况标记规则执行。

本标准未规定的内容，按照 HJ 819 执行。

附录 3

自行监测质量控制相关模板和样表

附录 3-1　检测工作程序（样式）

1　目的

对监测任务的下达、监测方案的制定、采样器皿和试剂的准备，样品采集和现场监测，实验室内样品分析，以及测试原始积累的填写等各个环节实施有效的质量控制，保证监测结果的代表性、准确性。

2　适用范围

适用于本单位实施的监测工作。

3　职责

3.1　×××负责下达监测任务。

3.2　×××负责根据监测目的、排放标准、相关技术规范和管理要求制定监测方案（某些企业的监测方案是环境部门发放许可证时已经完成技术审查的，在一定时间段内执行即可，不必每一次监测任务均制定监测方案）。

3.3　×××负责实施需现场监测的项目，×××采集样品并记录采集样品的时间、地点、状态等参数，并做好样品的标识，×××负责样品流转过程中的质量控制，负责将样品移交给样品接收人员。

3.4　×××负责接收送检样品，在接收送检样品时，对样品的完整性和对应检测要求的适宜性进行验收，并将样品分发到承担相应分析任务的分析人员（如果没有集中接样后，再由接样人员分发样品到分析人员的制度设计，这一步骤可以省略）。

3.5 ×××负责本人承担项目样品的接收、保管和分析。

4 工作程序

4.1 方案制定

×××负责根据监测目的、排放标准、相关技术规范和环境管理要求，制定监测方案，明确监测内容、频次，各任务执行人，使用的监测方法、采用的监测仪器，以及采取的质控措施。经×××审核、×××批准后实施该监测方案。

4.2 现场监测和样品采集

×××采样人员根据监测方案要求，按国家有关的标准、规范到现场进行现场监测和样品采集，记录现场监测结果相关的信息，以及生产工况。样品采集后，按规定建立样品的唯一标识，填写采样过程质保单和采样记录。必要时，受检部门有关人员应在采样原始记录上签字。

4.3 样品的流转

采样人员送检样品时，由接样人员认真检查样品表观、编号、采样量等信息是否与采样记录相符合，确认样品量是否能满足检测项目要求，采样人员和接样人员双方签字认可（如果没有集中接样后再由接样人员分发样品到分析人员的制度设计，这一步骤可以省略）。

分析人员在接收样品时，应认真查看和验收样品表观、编号、采样量等信息是否与采样记录相符合，并核实样品交接记录。分析人员确认无误后在样品交接单上签字。

4.4 样品的管理

样品应妥善存放在专用且适宜的样品保存场所，分析人员应准确标识样品所处的实验状态，用"待测""在测"和"测毕"标签加以区别。

分析人员在分析前如发现样品异常或对样品有任何疑问时，应立即查找原因，待符合分析要求后，再进行分析。

对要求在特定环境下保存的样品，分析人员应严格控制环境条件，按要求保存，保证样品在存放过程中不变质、不损坏。若发现样品在保存过程中出现异常情况，应及时向质量负责人汇报，查明原因并及时采取措施。

4.5　样品的分析

分析人员按监测任务分工安排，严格按照方案中规定的方法标准/规范分析样品，及时填写分析原始记录、测试环境监控记录、仪器使用记录等相关记录并签字。

4.6　样品的处置

除特殊情况需留存的样品外，检测后的余样应送污水处理站进行处理。

5　相关程序文件

《异常情况处理程序》

6　相关记录表格

《废水采样原始记录表》

《废气监测原始记录表》

《内部样品交接单》

《样品留存记录表》

《pH 分析原始记录表》

《颗粒物监测原始记录》

《现场监测质控审核记录》

《废水流量监测记录（流速仪法）》

附录 3-2 ××××（单位名称）废（污）水采样原始记录表

（检）字【　　　　】第　　　　号　　　　　　　　　　　第　　页，共　　页

采样时间	排污口编号	样品编号	水温/℃	pH	流量		监测项目	废（污）水表观描述	废（污）水主要来源	排放规律（以流速变化判断）
					m³/h	m³/d				
时　分										
时　分										
时　分										1. 连续稳定；
时　分										2. 连续不稳定；
时　分										3. 间断稳定；
时　分										4. 间断不稳定
时　分										
时　分										
时　分										

治理设施运行情况	治理设施类型及名称					新鲜用水量/（m³/d）	
	处理量/（m³/d）	设计	建设日期		COD 设计去除率/%	回用水量/（m³/d）	
		实际	处理规律		氨氮设计去除率/%	生产负荷	
	主要原料			主要产品			
备注	表观描述应包括颜色、气味、悬浮物含量情况等信息。回用水量不含设施循环水部分。						

检测人员：　　　　　校对：　　　　　审核：　　　　　检测日期：　年　月　日

附录 3-3　××××（单位名称）内部样品交接单

（检）字【　　　】第　　　号　　　　　　　　　　　　　第　页，共　页

送样人		采样时间		接样人		接样时间	
样品名称及编号	样品类型	样品表观	样品数量	监测项目		质保措施	分析人员签字
备注		平行样品分析项目及编号： 加标样品分析项目及编号：					

填写人员：　　　　　校对：　　　　　审核：　　　　　　日期：　年　月　日

附录3-4 重量法分析原始记录表

×环（检）【 　　】第 　　 号 　　　　　　　　　　 第 　 页，共 　 页

分析项目		仪器名称型号		方法名称		送样日期		环境条件	室温/℃	
		仪器编号		方法依据		分析日期			湿度/%	
烘干/灼烧温度/℃				烘干/灼烧时间/h			恒重温度/℃		恒重时间/h	
样品名称及编号	器皿编号	取样量（ ）	初重/g			终重/g			样重/g	计算结果（ ）	报出结果（ ）	备 注
			W_1	W_2	$W_均$	W_1	W_2	$W_均$	ΔW			

分析： 　　　　 校对： 　　　　　 审核： 　　　　　 报告日期： 　 年 　 月 　 日

附录 3-5　容量法原始记录表

（检）字【　　　】第　　　　号　　　　　　　　　　第　　页，共　　页

分析项目			接样时间		分析时间	
分析方法				方法依据		
标液名称	标液浓度				滴定管规格及编号	

样品前处理情况：

样品名称及编号	稀释方法	取样量/mL	消耗标准溶液体积/mL	计算结果/（mg/L）	报出结果/（mg/L）	备注

分析：　　　　　校对：　　　　审核：　　　　报告日期：　　年　　月　　日

附录 3-6 pH 分析原始记录表

（检）字【　　　】第　　　　号　　　　　　　　　　　第　　页，共　　页

采样日期				分析日期	
分析方法				仪器名称型号	
方法依据				仪器编号	
标准缓冲溶液温度/℃		标准缓冲溶液定位值 I		标准缓冲溶液定位值 II			标准缓冲溶液定位值 III

样品名称及编号	水温/℃	pH	备注

分析：　　　　　校对：　　　　　审核：　　　　　报告日期：　　年　　月　　日

附录 3-7　标准溶液配制及标定记录表

环（检）字【　　　】第　　　号　　　　　　　　　　　第　页，共　页

<table>
<tr><td rowspan="8">基准试剂恒重</td><td colspan="2">基准试剂</td><td></td><td>恒重日期</td><td colspan="3">年　月　日</td></tr>
<tr><td colspan="2">烘箱名称型号</td><td></td><td>烘箱编号</td><td colspan="3"></td></tr>
<tr><td colspan="2">天平名称型号</td><td></td><td>天平编号</td><td colspan="3"></td></tr>
<tr><td colspan="2">干燥次数</td><td>第一次</td><td>第二次</td><td colspan="2">第三次</td><td>第四次</td></tr>
<tr><td colspan="2">干燥温度/℃</td><td></td><td></td><td colspan="2"></td><td></td></tr>
<tr><td colspan="2">干燥时间/h</td><td></td><td></td><td colspan="2"></td><td></td></tr>
<tr><td colspan="2">总量/g</td><td></td><td></td><td colspan="2"></td><td></td></tr>
<tr><td colspan="7"></td></tr>
<tr><td rowspan="7">基准溶液配制</td><td colspan="2">基准试剂</td><td></td><td>配制日期</td><td colspan="3">年　月　日</td></tr>
<tr><td colspan="2">样品编号</td><td>$1^\#$</td><td>$2^\#$</td><td colspan="2">$3^\#$</td><td>$4^\#$</td></tr>
<tr><td colspan="2">$W_{始}$ /g</td><td></td><td></td><td colspan="2"></td><td></td></tr>
<tr><td colspan="2">$W_{末}$ /g</td><td></td><td></td><td colspan="2"></td><td></td></tr>
<tr><td colspan="2">$W_{净}$ /g</td><td></td><td></td><td colspan="2"></td><td></td></tr>
<tr><td colspan="2">定容体积 $V_{定}$ /mL</td><td></td><td></td><td colspan="2"></td><td></td></tr>
<tr><td colspan="2">配制浓度 $C_{基}$ /（mol/L）</td><td></td><td></td><td colspan="2"></td><td></td></tr>
<tr><td rowspan="7">标准溶液标定</td><td colspan="2">待标溶液</td><td></td><td>滴定管规格及编号</td><td></td><td colspan="2">标定日期</td></tr>
<tr><td colspan="2">标定编号</td><td>空白1</td><td>空白2</td><td>$1^\#$</td><td>$2^\#$</td><td>$3^\#$</td><td>$4^\#$</td></tr>
<tr><td colspan="2">基准溶液体积 $V_{基}$ /mL</td><td></td><td></td><td></td><td></td><td></td><td></td></tr>
<tr><td colspan="2">标准溶液消耗体积 $V_{标}$ /mL</td><td></td><td></td><td></td><td></td><td></td><td></td></tr>
<tr><td colspan="2">计算浓度 $C_{标}$ /（mol/L）</td><td></td><td></td><td></td><td></td><td></td><td></td></tr>
<tr><td colspan="2">平均浓度 $C_{标}$ /（mol/L）</td><td></td><td></td><td></td><td></td><td></td><td></td></tr>
<tr><td colspan="2">相对偏差/%</td><td></td><td></td><td></td><td></td><td></td><td></td></tr>
</table>

基准溶液浓度计算：

$$C_{基}（mol/L）= 1\,000 \times W_{净} /M/V_{定}$$

注：M——基准试剂摩尔质量。

标准溶液浓度计算：

$$C_{标}（mol/L）= C_{基} \times V_{基} /V_{标}$$

或

$$C_{标}（mol/L）= 1\,000 \times W_{净} /M/V_{定}$$

备注

分析：　　　　校对：　　　　审核：　　　　报告日期：　年　月　日

附录 3-8　作业指导书样例

（氮氧化物化学发光测试仪作业指导书）

1　概述

1.1　适用范围

本作业指导书适用于化学发光法测试仪测定固定源排气中氮氧化物。

1.2　方法依据

本方法依据《固定污染源排气中颗粒物测定与气态污染物采样方法》（GB/T 16157—1996）、《固定源废气监测技术规范》（HJ/T 397—2007）以及 USEPA Method 7E。

1.3　方法原理及操作概要

试样气体中的一氧化氮（NO）与臭氧（O_3）反应，变成二氧化氮（NO_2）。NO_2 变为激发态（NO_2^*）后在进入基态时会放射光，这一现象就是化学发光。

$$NO+O_3 \longrightarrow NO_2^*+O_2$$
$$NO_2^* \longrightarrow NO_2+hv$$

这一反应非常快且只有 NO 参与，几乎不受其他共存气体的影响。NO 为低浓度时，发光光量与浓度成正比。

2　测试仪器

便携式氮氧化物化学发光法测试仪。

3　测试步骤

3.1　接通电源开关，让测试仪预热。

3.2 设置当次测试的日期及时间。

3.3 预热结束后，将量程设置为实际使用的量程，并进行校正。

从菜单中选择"校正"。进入校正画面后，自动切换成 NO 管路（不通过 NO_x 转换器的管路）。

3.3.1 量程气体浓度设置

1）按下 ▐▌▐ 后，设置量程气体浓度。

2）根据所使用的量程气体，变更浓度设置。

3）设置量程气体钢瓶的浓度，按下"enter"。

4）按下"back"键，决定变更内容后，返回到校正画面。

3.3.2 零点校正（校正时请先执行零点校正）

1）选择校正管路。进行零点校正的组分在校正类别中选择"zero"。

2）流入 N_2 气体后，等待稳定。

3）指示值稳定后按下 ⬇。

4）按下"是"进行校正。完成零点校正。

3.3.3 量程校正

1）为了进行 NO 的量程校正，NO 以外选择"—"，只有 NO 选择"span"。

2）校正类别中选择"span"的组分会显示窗口，用于确认校正量程和量程气体浓度。确认内容后，按下"OK"返回到校正画面。

3）流入 CO 气体后，等待稳定。

4）指示值稳定后按下 ⬇。

5）按下"是"进行校正。

3.4 完成所有的校正后，按下"返回"到菜单画面、测量画面。

3.5 从测量画面按下每个组分的量程按钮，按组分设置测量浓度的量程。每个组分的测量值/换算值/滑动平均值/累计值量程及校正量程是通用的。变更任何一个值的量程，其他值的量程也会跟着变更。模拟输出的满刻度值也会同时变更。

3.5.1 选择想要变更的组分的量程。

3.5.2 选择想要变更的量程，按下"OK"决定。

3.6 测试过程数据记录保存

3.6.1 将有足够剩余空间且未 LOCK 的 SD 卡插入分析仪正面的 SD 卡插槽中。

3.6.2 从菜单 2/5 中选择"数据记录"。

3.6.3 选择"记录间隔"。

3.6.4 按下前进、后退键选择记录间隔，再按下"OK"决定。

3.6.5 选择保存文件夹。

3.6.6 选择保存文件夹后，按下 。

3.6.7 确认开始记录时，按下"是"开始。

　　如果开始记录，记录状态就会从记录停止中变为记录中，同时 MEM LED 会亮黄灯。

3.6.8 停止记录时，请再次按下。确认停止记录时，按下"是"停止记录。

3.6.9 记录状态会再次从记录中变为记录停止中，同时 MEM LED 会熄灭。

4 测试结束

4.1 通过采样探头等吸入大气至读数降回到零点附近。

4.2 从菜单中选择测量结束。

4.3 按下"是"结束处理。

4.4 完成测量结束处理，显示关闭电源的信息后，请关闭电源开关。

附录 4

自行监测相关标准规范

附录 4-1　污染物排放标准及环境质量标准

序号	排放标准名称及编号
1	《污水综合排放标准》（GB 8978—1996）
2	《砖瓦工业大气污染物排放标准》（GB 29620—2013）
3	《大气污染物综合排放标准》（GB 16297—1996）
4	《恶臭污染物排放标准》（GB 14554—93）
5	《工业企业厂界环境噪声排放标准》（GB 12348—2008）
6	《地表水环境质量标准》（GB 3838—2002）
7	《地下水质量标准》（GB/T 14848—93）
8	《声环境质量标准》（GB 3096—2008）
9	《环境空气质量标准》（GB 3095—2012）
10	《土壤环境质量　农用地土壤污染风险管控标准（试行）》（GB 15618—2018）
11	《土壤环境质量　建设用地土壤污染风险管控标准（试行）》（GB 36600—2018）

标准统计截至 2022 年 3 月。

附录 4-2　相关监测技术规范

分类	标准号	标准名称
废气监测技术规范类	GB/T 16157—1996	《固定污染源排气中颗粒物测定与气态污染物采样方法》
	HJ/T 55—2000	《大气污染物无组织排放监测技术导则》
	HJ 75—2017	《固定污染源烟气（SO_2、NO_x、颗粒物）排放连续监测技术规范》
	HJ 76—2017	《固定污染源烟气（SO_2、NO_x、颗粒物）排放连续监测系统技术要求及检测方法》
	HJ/T 397—2007	《固定源废气监测技术规范》
	HJ 733—2014	《泄漏和敞开液面排放的挥发性有机物检测技术导则》
	HJ 905—2017	《恶臭污染环境监测技术规范》
废水监测技术规范类	HJ 91.1—2019	《污水监测技术规范》
	HJ/T 92—2002	《水污染物排放总量监测技术规范》
	HJ 353—2019	《水污染源在线监测系统（COD_{Cr}、NH_3-N 等）安装技术规范》
	HJ 354—2019	《水污染源在线监测系统（COD_{Cr}、NH_3-N 等）验收技术规范》
	HJ 355—2019	《水污染源在线监测系统（COD_{Cr}、NH_3-N 等）运行技术规范》
	HJ 356—2019	《水污染源在线监测系统（COD_{Cr}、NH_3-N 等）数据有效性判别技术规范》
	HJ 493—2009	《水质　样品的保存和管理技术规定》
	HJ 494—2009	《水质　采样技术指导》
	HJ 495—2009	《水质　采样方案设计技术规定》
	HJ 377—2019	《化学需氧量（COD_{Cr}）水质在线自动监测仪技术要求及检测方法》
	HJ 609—2019	《六价铬水质自动在线监测仪技术要求及检测方法》
	HJ 101—2019	《氨氮水质在线自动监测仪技术要求及检测方法》
	HJ/T 102—2003	《总氮水质自动分析仪技术要求》
	HJ/T 103—2003	《总磷水质自动分析仪技术要求》
	HJ 212—2017	《污染源在线自动监控（监测）系统数据传输标准》
	HJ 477—2009	《污染源在线自动监控（监测）数据采集传输技术要求》
	HJ 15—2019	《超声波明渠污水流量计技术要求及检测方法》

分类	标准号	标准名称
噪声监测技术规范类	HJ 706—2014	《环境噪声监测技术规范噪声测量值修正》
	HJ 707—2014	《环境噪声监测技术规范　结构传播固定设备噪声》
其他技术规范类	HJ/T 166—2004	《土壤环境监测技术规范》
	HJ 91.2—2022	《地表水环境质量监测技术规范》
	HJ 164—2020	《地下水环境监测技术规范》
	HJ 194—2017	《环境空气质量手工监测技术规范》
	HJ 664—2013	《环境空气质量监测点位布设技术规范（试行）》
	HJ 2.1—2016	《环境影响评价技术导则　总纲》
	HJ 2.2—2018	《环境影响评价技术导则　大气环境》
	HJ 2.3—2018	《环境影响评价技术导则　地表水环境》
	HJ 610—2016	《环境影响评价技术导则　地下水环境》
	HJ 819—2017	《排污单位自行监测技术指南　总则》
	HJ 820—2017	《排污单位自行监测技术指南　火力发电及锅炉》
	HJ 1121—2020	《排污许可证申请与核发技术规范　工业炉窑》
	HJ 954—2018	《排污许可证申请与核发技术规范　陶瓷砖瓦工业》
	HJ/T 373—2007	《固定污染源监测质量保证与质量控制技术规范（试行）》

注：标准统计截至 2022 年 8 月。

附录 4-3　废水污染物相关监测方法标准

序号	监测项目	分析方法
1	pH	《水质　pH 值的测定　电极法》（HJ 1147—2020）
2	pH	《水和废水监测分析方法（第四版）》国家环保总局（2002）3.1.6.2
3	水温	《水质　水温的测定　温度计或颠倒温度计测定法》（GB 13195—91）
4	悬浮物	《水质　悬浮物的测定　重量法》（GB 11901—89）
5	化学需氧量	《水质　化学需氧量的测定　重铬酸盐法》（HJ 828—2017）
6	化学需氧量	《水质　化学需氧量的测定　快速消解分光光度法》（HJ/T 399—2007）
7	化学需氧量	《高氯废水　化学需氧量的测定　碘化钾碱性高锰酸钾法》（HJ/T 132—2003）
8	化学需氧量	《高氯废水　化学需氧量的测定　氯气校正法》（HJ/T 70—2001）
9	五日生化需氧量（BOD$_5$）	《水质　五日生化需氧量（BOD$_5$）的测定　稀释与接种法》（HJ 505—2009）
10	氨氮	《水质　氨氮的测定　连续流动-水杨酸分光光度法》（HJ 665—2013）
11	氨氮	《水质　氨氮的测定　流动注射-水杨酸分光光度法》（HJ 666—2013）
12	氨氮	《水质　氨氮的测定　蒸馏-中和滴定法》（HJ 537—2009）
13	氨氮	《水质　氨氮的测定　纳氏试剂分光光度法》（HJ 535—2009）
14	氨氮	《水质　氨氮的测定　水杨酸分光光度法》（HJ 536—2009）
15	氨氮	《水质　氨氮的测定　气相分子吸收光谱法》（HJ/T 195—2005）
16	总磷	《水质　磷酸盐和总磷的测定　连续流动-钼酸铵分光光度法》（HJ 670—2013）
17	总磷	《水质　总磷的测定　流动注射-钼酸铵分光光度法》（HJ 671—2013）
18	总磷	《水质　总磷的测定　钼酸铵分光光度法》（GB 11893—89）

注：标准统计截至 2022 年 3 月。

附录 4-4　废气污染物相关监测方法标准

序号	监测项目	分析方法名称及编号
1	二氧化硫	《固定污染源废气　二氧化硫的测定　便携式紫外吸收法》（HJ 1131—2020）
2	二氧化硫	《环境空气　二氧化硫的自动测定　紫外荧光法》（HJ 1044—2019）
3	二氧化硫	《固定污染源废气　二氧化硫的测定　定电位电解法》（HJ 57—2017）
4	二氧化硫	《固定污染源废气　二氧化硫的测定　非分散红外吸收法》（HJ 629—2011）
5	二氧化硫	《环境空气　二氧化硫的测定　甲醛吸收-副玫瑰苯胺分光光度法》（HJ 482—2009）
6	二氧化硫	《环境空气　二氧化硫的测定　四氯汞盐吸收-副玫瑰苯胺分光光度法》（HJ 483—2009）
7	二氧化硫	《固定污染源排气中二氧化硫的测定　碘量法》（HJ/T 56—2000）
8	氮氧化物	《固定污染源废气　氮氧化物的测定　便携式紫外吸收法》（HJ 1132—2020）
9	氮氧化物	《环境空气　氮氧化物的自动测定　化学发光法》（HJ 1043—2019）
10	氮氧化物	《固定污染源废气　氮氧化物的测定　非分散红外吸收法》（HJ 692—2014）
11	氮氧化物	《固定污染源废气　氮氧化物的测定　定电位电解法》（HJ 693—2014）
12	氮氧化物	《固定源排气　氮氧化物的测定　酸碱滴定法》（HJ 675—2013）
13	氮氧化物	《环境空气　氮氧化物（一氧化氮和二氧化氮）的测定　盐酸萘乙二胺分光光度法》（HJ 479—2009）
14	氮氧化物	《固定污染源排气中氮氧化物的测定　紫外分光光度法》（HJ/T 42—1999）
15	氮氧化物	《固定污染源排气中氮氧化物的测定　盐酸萘乙二胺分光光度法》（HJ/T 43—1999）
16	颗粒物	《固定污染源废气　低浓度颗粒物的测定　重量法》（HJ 836—2017）
17	颗粒物	《固定污染源排气中颗粒物测定与气态污染物采样方法》（GB/T 16157—1996）
18	颗粒物	《环境空气　总悬浮颗粒物的测定　重量法》（HJ 1263—2022）
19	颗粒物	《锅炉烟尘测试方法》（GB 5468—91）
20	氟化物	《大气固定污染源　氟化物的测定　离子选择电极法》（HJ/T 67—2001）
21	氟化物	《环境空气　氟化物的测定　滤膜采样/氟离子选择电极法》（HJ 955—2018）
22	氟化物	《环境空气　氟化物的测定　石灰滤纸采样氟离子选择电极法》（HJ 481—2009）
23	臭气浓度	《环境空气和废气　臭气的测定　三点比较式臭袋法》（HJ 1262—2022）
24	其他	《大气污染物综合排放标准》（GB 16297—1996）

注：标准统计截至 2023 年 2 月。

附录 5

自行监测方案参考模板

××××有限公司
自行监测方案

企业名称： <u>××××有限公司</u>

编制时间： <u>××××年××月</u>

一、企业概况

（一）基本情况

主要介绍排污单位的地理位置、生产规模、产品生产情况、人员等基本信息。如：××××有限公司位于×××××市××××路××号，成立于××××年××月。公司用地面积为×× m²，现有员工××名。主要生产设施和公辅设施有×××××。公司目前主要产品有×××××、×××××、×××××、×××××……年产量分别为××××、×××××、×××××、×××××……

根据《总则》及《排污单位自行监测技术指南 砖瓦工业》要求，公司根据实际生产情况，查清本单位的污染源、污染物指标及潜在的环境影响，制定了本公司环境自行监测方案。

（二）排污及治理情况

主要介绍排污单位生产的工业流程，并分析产排污节点及污染治理的情况，如主要生产工序包括分原料破碎、成型、干燥、烧成等。

1. 废气污染物包括有组织排放和无组织排放两大类。有组织排放主要是砖坯在焙烧、烘干、成型等过程中产生的废气，主要污染物为二氧化硫、氮氧化物、颗粒物和氟化物。无组织排放废气来源于给料、原料破碎、筛分、搅拌、打包等工序产生的粉尘污染。隧道窑烘干烟气建设 1 套双碱法废气处理系统，采用氢氧化钠、石灰粉作为碱液，烟气经三级喷淋、两层除雾和碱液喷淋脱硫除尘后，经 35 m 高排气筒排放。建设封闭式原料堆场，对上料工序进行了封闭，并配备洒水车对厂区洒水抑尘，破碎、筛分工序设置布袋除尘器，废气处理后经 15 m 高排气筒排放。

2. 本项目废水主要为脱硫废水和生活污水。建设 1 座 120 m³ 脱硫废水循环水池，脱硫废水循环使用，不外排。建设 1 座 60 m³ 防渗化粪池，生活污水排入厂区化粪池，定期清运。

3. 噪声主要由破碎机、粉碎机、搅拌机、对辊机等各类生产设备及污染物处置设施产生。采取了选用低噪声设备、门窗封闭、合理布局、弹性减振等措施降低噪声影响。

4. 固体废物主要包括脱硫石膏、废渣、除尘灰等，可全部回用于生产。

二、企业自行监测开展情况说明

主要介绍排污单位废气、废水、噪声等开展的监测项目、采取的监测方式等的总体概况。如公司自行监测手段采用手动监测和自动监测相结合的方式，监测分析采取自主监测和委托第三方检测机构相结合的方式。

通过梳理公司相关项目的环评及批复、排污许可证及废气、废水、噪声执行的相关标准，对照单位生产及产排污情况，确定自行监测应开展的监测点位、监测指标、采用的监测分析方法及监测过程中应采取的质量控制和保证措施。

废气监测主要包括二氧化硫、氮氧化物、颗粒物和氟化物的有组织排放监测，二氧化硫、颗粒物和氟化物的无组织排放监测，均委托××××环境检测有限公司进行手工监测。

废水不外排，不开展自行监测。

通过对现场生产设备进行梳理，根据设备在厂区的布置情况，在厂区的东、西、南、北 4 个边界各布置 1 个噪声监测点位。

三、监测方案

本部分是排污单位自行监测方案的核心部分，是自行监测内容的具体化、细化。按照废气、废水、噪声等不同污染类型以不同监测点位分别列出各监测指标的监测频次、监测方法、执行标准等监测要求。

（一）有组织废气监测方案

1. 有组织废气监测点位、监测项目及监测频次见表1。

表1 有组织废气监测内容一览表

序号	点位编号	监测点位	监测指标	监测频次	监测方式	自主/委托
1	DA001	粉碎工序除尘器出口	颗粒物	年	手工	委托
2	DA002	筛分工序除尘器出口	颗粒物	年	手工	委托
3	DA003	焙烧及干燥废气处理设施出口	二氧化硫	半年	手工	委托
			氮氧化物	半年	手工	委托
			颗粒物	半年	手工	委托
			氟化物	年	手工	委托

2. 有组织废气排放监测方法及依据见表2。

表2 有组织废气排放监测方法及依据一览表

序号	监测项目	监测方法及依据	分析仪器
1	颗粒物	《固定污染源排气中颗粒物测定与气态污染物采样方法》（GB/T 16157—1996）、《固定污染源废气中低浓度颗粒物的测定 重量法》（HJ 836—2017）	智能烟尘平行采样仪、电子分析天平
2	二氧化硫	《固定污染源废气 二氧化硫的测定 便携式紫外吸收法》（HJ 1131—2020）	便携式紫外烟气分析仪
3	氮氧化物	《固定污染源废气 氮氧化物的测定 便携式紫外吸收法》（HJ 1132—2020）	便携式紫外烟气分析仪
4	氟化物	《固定污染源排气 氟化物的测定 离子选择电极法》（HJ/T 67—2001）	智能烟气采样器、离子计

3. 废气有组织排放监测结果执行标准见表3。

表3　有组织废气排放监测结果执行标准　　　　　　　单位：mg/m³

序号	监测点位	监测指标	执行标准限值	执行标准
1	破碎、筛分除尘器出口	颗粒物	30	《砖瓦工业大气污染物排放标准》（GB 29620—2013）及其修改单
2	焙烧及干燥废气处理设施出口	颗粒物	30	
3		二氧化硫	150	
4		氮氧化物	150	
5		氟化物	3	

（二）无组织废气排放监测方案

1. 无组织废气监测项目及监测频次见表4。

表4　无组织废气污染源监测内容一览表

监测点位	监测指标	监测频次	监测方式	自主/委托
厂界	颗粒物	1次/年	手工	委托
	二氧化硫		手工	委托
	氟化物		手工	委托

2. 无组织废气排放监测方法及依据见表5。

表5　无组织废气排放监测方法及依据一览表

序号	监测指标	监测方法及依据	分析仪器
1	颗粒物	《环境空气　总悬浮颗粒物的测定　重量法》（HJ 1263—2022）	智能 TSP 采样器、电子天平
2	二氧化硫	《环境空气　二氧化硫的测定　甲醛吸收-副玫瑰苯胺分光光度法》（HJ 482—2009）	分光光度计
3	氟化物	《环境空气　氟化物的测定　滤膜采样/氟离子选择电极法》（HJ 955—2018）	离子计

3．无组织废气排放监测结果执行标准见表6。

表6　无组织废气排放监测结果执行标准　　　　单位：mg/m³

序号	监测指标	执行标准名称	标准限值
1	颗粒物	《砖瓦工业大气污染物排放标准》（GB 29620—2013）	1.0
2	二氧化硫	及其修改单	0.5
3	氟化物		0.02

（三）厂界环境噪声监测方案

1．厂界环境噪声监测内容见表7。

表7　厂界环境噪声监测内容表（L_{eq}）　　　　单位：dB（A）

监测点位	监测频次	执行标准	标准限值
东侧厂界（Z1）	1次/半年	《工业企业厂界环境噪声排放标准》（GB 12348—2008）2 类	昼间：60，夜间：50
南侧厂界（Z2）	1次/半年		
西侧厂界（Z3）	1次/半年		
北侧厂界（Z4）	1次/半年		

2．厂界环境噪声监测方法见表8。

表8　厂界环境噪声监测方法

监测指标	监测方法	分析仪器	备注
厂界环境噪声（L_{eq}）	《工业企业厂界环境噪声排放标准》（GB 12348—2008）	噪声统计分析仪	昼夜各测一次昼间：6：00—22：00；夜间：22：00—6：00

四、监测点位示意图

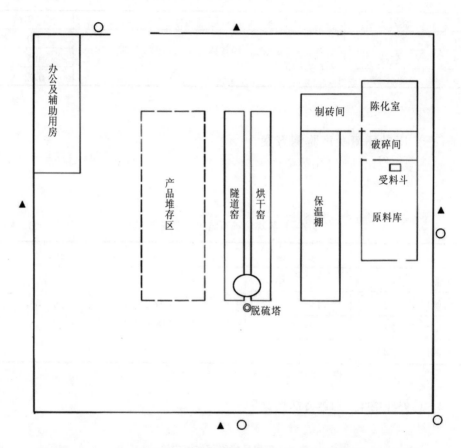

图1 ××××有限公司×××××生产区废气、噪声监测点位示意图

五、质量控制措施

主要从内部、外部对监测人员、实验室能力、监测技术规范、仪器设备、记录等质控管理提出适合本单位的质控管理措施。例如：

××××公司设有环境保护专工，负责公司对外委托的自行监测活动进行外部质量监督管理工作和废气自动监测设施的运维管理监督工作。全面负责污染治理设施、污染物排放监测。组织制订、下发环境监测计划，其中包括对废水、废气等污染源的监测要求，按照计划确定监测点位和监测时间，并组织环境监测采样、分析，对监测结果进行审核，为环保管理提供依据。

××××有限公司自行监测活动主要委托第三方检测机构检测开展。

委外监测的主要指标有废水中的×××××××，废气中的×××××××。

委外监测的××××检测技术服务有限公司是通过国家计量认定的实验室，取得 CMA 检测资质证书，编号为×××××××。所委托监测项目，该公司均具备监测能力，如有方法出现变更等监测能力发生变化时，该公司应及时向我单位提供最新监测能力表。

监督第三方运维机构对自动监控系统进行日常巡检、维护保养以及设备的校准和校验，对于系统运行中出现的故障，及时现场检查、处理，并按要求快速修复设备，确保了系统持续正常运行。

六、信息记录和报告

（一）信息记录

1. 监测和运维记录。

手工监测和自动监测的记录均按照《排污单位自行监测技术指南　砖瓦工业》要求执行。委托监测的，应督促监测机构完善监测和运维记录。

（1）现场采样时，记录采样点位、采样日期、监测指标、采样方法、采样人姓名、保存方式等采样信息，并记录废水水温、流量、色嗅等感官指标。

（2）实验室分析时，记录分析日期、样品点位、监测指标、样品处理方式、分析方法、测定结果、质控措施、分析人员等。

（3）自动设备运行台账应记录自动监控设备名称、运维单位、巡检、校验日期、校验结果、标准样品浓度、有效期、运维人员等信息。

2．生产和污染治理设施运行状况记录。

（1）生产运行状况记录：按生产批次或生产周期记录有产排污环节的主要生产设施运行状态、生产负荷、主要产品产量、原辅用料及燃料使用情况（包括种类、名称、用量）等数据。

（2）污染治理设施运行状况：按班次记录废气处理使用的脱硫剂、脱硝剂等药剂的名称和用量，按更换批次记录除尘设施消耗材料的更换时间和数量，记录废气处理设施运行参数、故障及维护情况等；记录废水处理方式、去向及排放量等相关信息；记录噪声污染治理设施日常巡检、故障及维护或更换情况。

3．固体废物信息记录。

根据 HJ 1200 记录一般工业固体废物和危险废物相关信息。一般工业固体废物主要包括脱硫石膏、废渣、除尘灰等。可能产生的危险废物按照《国家危险废物名录》或危险废物鉴别标准和鉴别方法认定。所有记录均保存完整，以备检查。台账保存期限 3 年以上。

（二）信息报告

每年年底编写自行监测年度报告。年度报告包含以下内容：

1．监测方案的调整变化情况及变更原因。

2．企业及各主要生产设施（至少涵盖废气主要污染源相关生产设施）全年运行天数，各监测点、各监测指标全年监测次数、超标情况、浓度分布情况。

3．周边环境质量影响状况监测结果。

4．自行监测开展的其他情况说明。

5．实现达标排放所采取的主要措施。

（三）应急报告

1．当监测结果出现超标，我公司对超标的项目增加监测频次，并检查超标原因。

2. 若短期内无法实现稳定达标排放的，公司应向生态环境局提交事故分析报告，说明事故发生的原因，采取减轻或防止污染的措施，以及今后的预防及改进措施。

七、自行监测信息公布

（一）公布方式

手工监测数据通过××××、××××等平台公开，自动监测数据通过××××等平台进行公开。

（二）公布内容

1. 基础信息，包括单位名称、组织机构代码、法定代表人、生产地址、联系方式，以及生产经营和管理服务的主要内容、产品及规模。

2. 排污信息，包括主要污染物及特征污染物的名称、排放方式、排放口数量和分布情况、排放浓度和总量、超标情况，以及执行的污染物排放标准、核定的排放总量。

3. 防治污染设施的建设和运行情况。

4. 自行监测年度报告。

5. 自行监测方案。

6. 未开展自行监测的原因。

（三）公布时限

1. 手动监测数据于监测完成后 5 个工作日内公布，自动监测数据实时公布。

2. 每年 1 月底前公布上年度自行监测年度报告。

3. 企业基础信息随监测数据一并公布。

参考文献

[1] EPA Office of Wastewater Management-Water Permitting. Water permitting 101[EB/OL]. [2015-06-10]. http：//www. epa. gov/npdes/pubs/101pape. pdf.

[2] Office of Enforcement and Compliance Assurance. NPDES compliance inspection manual[R]. Washington D. C.：U. S. Environmental Protection Agency，2004.

[3] U. S. EPA. Interim guidance for performance-based reductions of NPDES permit monitoring frequencies[EB/OL]. [2015-07-05]. http：//www. epa. gov/npdes/pubs/perf-red. pdf.

[4] U. S. EPA. U. S. EPA NPDES permit writers' manual[S]. Washington D. C.：U. S. EPA，2010.

[5] UK. EPA. Monitoring discharges to water and sewer：M18 guidance note[EB/OL]. [2017-06-05]. https：//www.gov.uk/government/publications/m18-monitoring-of-discharges-to-water-and-sewer.

[6] 常杪，冯雁，郭培坤，等. 环境大数据概念、特征及在环境管理中的应用[J]. 中国环境管理，2015，7（6）：26-30.

[7] 冯晓飞，卢瑛莹，陈佳. 政府的污染源环境监督制度设计[J]. 环境与可持续发展，2017，42（4）：33-35.

[8] 环境保护部大气污染防治欧洲考察团，刘炳江，吴险峰，等. 借鉴欧洲经验加快我国大气污染防治工作步伐——环境保护部大气污染防治欧洲考察报告之一[J]. 环境与可持续发展，2013（5）：5-7.

[9] 姜文锦，秦昌波，王倩，等. 精细化管理为什么要总量质量联动？——环境质量管理的国际经验借鉴[J]. 环境经济，2015（3）：16-17.

[10] 罗毅. 环境监测能力建设与仪器支撑[J]. 中国环境监测，2012，28（2）：1-4.

[11] 罗毅. 推进企业自行监测　加强监测信息公开[J]. 环境保护，2013，41（17）：13-15.

[12] 钱文涛. 中国大气固定源排污许可证制度设计研究[D]. 北京：中国人民大学，2014.

[13] 曲格平. 中国环境保护四十年回顾及思考（回顾篇）[J]. 环境保护，2013，41（10）：10-17.

[14] 宋国君，赵英煦. 美国空气固定源排污许可证中关于监测的规定及启示[J]. 中国环境监测，
     2015，31（6）：15-21.

[15] 孙强，王越，于爱敏，等. 国控企业开展环境自行监测存在的问题与建议[J]. 环境与发展，
     2016，28（5）：68-71.

[16] 谭斌，王丛霞. 多元共治的环境治理体系探析[J]. 宁夏社会科学，2017（6）：101-103.

[17] 唐桂刚，景立新，万婷婷，等. 堰槽式明渠废水流量监测数据有效性判别技术研究[J]. 中
     国环境监测，2013，29（6）：175-178.

[18] 王军霞，陈敏敏，穆合塔尔•古丽娜孜，等. 美国废水污染源自行监测制度及对我国的借
     鉴[J]. 环境监测管理与技术，2016，28（2）：1-5.

[19] 王军霞，陈敏敏，唐桂刚，等. 我国污染源监测制度改革探讨[J]. 环境保护，2014，42（21）：
     24-27.

[20] 王军霞，陈敏敏，唐桂刚，等. 污染源，监测与监管如何衔接？——国际排污许可证制度
     及污染源监测管理八大经验[J]. 环境经济，2015（Z7）：24.

[21] 王军霞，唐桂刚，景立新，等. 水污染源五级监测管理体制机制研究[J]. 生态经济，2014，
     30（1）：162-164，167.

[22] 王军霞，唐桂刚. 解决自行监测"测""查""用"三大核心问题[J]. 环境经济，2017（8）：
     32-33.

[23] 薛澜，张慧勇. 第四次工业革命对环境治理体系建设的影响与挑战[J]. 中国人口•资源与环
     境，2017，27（9）：1-5.

[24] 张紧跟，庄文嘉. 从行政性治理到多元共治：当代中国环境治理的转型思考[J]. 中共宁波
     市委党校学报，2008，30（6）：93-99.

[25] 张静，王华. 火电厂自行监测现状及建议[J]. 环境监控与预警，2017，9（4）：59-61.

[26] 张伟, 袁张燊, 赵东宇. 石家庄市企业自行监测能力现状调查及对策建议[J]. 价值工程, 2017, 36 (28): 36-37.

[27] 张秀荣. 企业的环境责任研究[D]. 北京: 中国地质大学, 2006.

[28] 赵吉睿, 刘佳泓, 张莹, 等. 污染源 COD 水质自动监测仪干扰因素研究[J]. 环境科学与技术, 2016, 39 (S1): 299-301, 314.

[29] 左航, 杨勇, 贺鹏, 等. 颗粒物对污染源 COD 水质在线监测仪比对监测的影响[J]. 中国环境监测, 2014, 30 (5): 141-144.

[30] 王军霞, 唐桂刚, 赵春丽. 企业污染物排放自行监测方案设计研究——以造纸行业为例[J]. 环境保护, 2016, 44 (23): 45-48.

[31] 张静, 王华. 火电厂自行监测关键问题研究[J]. 环境监测管理与技术, 2017, 29 (3): 5-7.

[32] 王娟, 余勇, 张洋, 等. 精细化工固定源废气采样时机的选择探讨[J]. 环境监测管理与技术, 2017, 29 (6): 58-60.

[33] 尹卫萍. 浅谈加强环境现场监测规范化建设[J]. 环境监测管理与技术, 2013, 25 (2): 1-3.

[34] 成钢. 重点工业行业建设项目环境监理技术指南[M]. 北京: 化学工业出版社, 2016.

[35] 杨驰宇, 滕洪辉, 于凯, 等. 浅论企业自行监测方案中执行排放标准的审核[J]. 环境监测管理与技术, 2017, 29 (4): 5-8.

[36] 王亘, 耿静, 冯本利, 等. 天津市恶臭投诉现状与对策建议[J]. 环境科学与管理, 2008, 33 (9): 49-52.

[37] 邬坚平, 钱华. 上海市恶臭污染投诉的调查分析[J]. 上海环境科学, 2003 (增刊): 185-189.

[38] 王军霞, 刘通浩, 敬红, 等. 支撑排污许可制度的固定源监测技术体系完善研究[J]. 中国环境监测, 2021, 37 (2): 76-82.

[39] 杨啸, 王军霞. 排污许可制度实施情况监督评估体系研究[J]. 环境保护科学, 2021, 47 (1): 10-14.

[40] 周炫. 推进砖瓦行业大气污染治理[J]. 砖瓦世界, 2018 (6): 14-15, 17.

[41] 中国砖瓦工业协会. 砖瓦行业大气污染防治攻坚战实施方案[J]. 砖瓦世界, 2019 (2): 1-4, 29.

[42] 王红梅. 砖瓦工业环境政策现状及污染防治路线[J]. 砖瓦, 2021 (11): 38-43.

[43] 中华人民共和国标准. 排污许可证申请与核发技术规范 陶瓷砖瓦工业：HJ 954—2018[S]. 北京：环境保护部，2018.

[44] 生态环境部. 中国生态环境统计年报 2016[M]. 北京：中国环境出版集团，2021.

[45] 生态环境部. 中国生态环境统计年报 2017[M]. 北京：中国环境出版集团，2021.

[46] 生态环境部. 中国生态环境统计年报 2018[M]. 北京：中国环境出版集团，2021.

[47] 生态环境部. 中国生态环境统计年报 2019[M]. 北京：中国环境出版集团，2021.